高等学校"十三五"规划教材

基础化学实验

黄丽红　主　编

马奕春　朱龙华　李银艳　副主编

化学工业出版社

·北京·

《基础化学实验》的主要内容包括化学实验基本知识、误差与数据处理、化学实验基本操作、常用实验仪器的使用方法以及实验，共5部分内容，其中实验部分融合无机及分析化学、有机化学、物理化学的实验内容。通过有机整合，避免重复，使实验基本操作、基本知识部分更加系统化，实验项目通过精选，既具有代表性又形成体系。通过一定的化学分析、仪器操作、合成反应等实验，使学生通过实验教学的各个具体环节，在学习化学理论知识的同时，掌握化学实验的基本知识和基本操作技能；培养学生严谨的科学态度，准确观察化学反应现象、处理实验数据、表达实验结果和撰写实验报告的能力。同时，本教材还编写了部分实际应用综合性实验，以期训练学生基本理论知识的综合应用能力，培养学生独立解决实物分析的能力，提高定量化学分析知识的灵活运用水平。

《基础化学实验》可供生物工程、生物技术、动植物检疫等生命科学类专业及食品、药学、功能材料、材料工程、环境工程等非化学化工类专业使用。

图书在版编目（CIP）数据

基础化学实验/黄丽红主编．—北京：化学工业出版社，2016.5（2025.2重印）
高等学校"十三五"规划教材
ISBN 978-7-122-26779-5

Ⅰ.①基… Ⅱ.①黄… Ⅲ.①化学实验-高等学校-教材 Ⅳ.①O6-3

中国版本图书馆CIP数据核字（2016）第078495号

责任编辑：褚红喜　宋林青　　　　　　装帧设计：张　辉
责任校对：李　爽

出版发行：化学工业出版社（北京市东城区青年湖南街13号　邮政编码100011）
印　　装：北京天宇星印刷厂
787mm×1092mm　1/16　印张11　彩插1　字数266千字　2025年2月北京第1版第6次印刷

购书咨询：010-64518888（传真：010-64519686）　售后服务：010-64518899
网　　址：http://www.cip.com.cn
凡购买本书，如有缺损质量问题，本社销售中心负责调换。

定　价：25.00元　　　　　　　　　　　　　　　　　　　　　版权所有　违者必究

《基础化学实验》编写组

主　编：黄丽红

副主编：马奕春　朱龙华　李银艳

编　者（按姓氏笔画为序）：

马奕春　石明娟　朱龙华　李银艳

林　芳　赵　静　黄丽红

前　言 FOREWORD

化学是一门实验性科学，理论教学和实验教学是化学不可缺少的两个部分。书本知识是前辈们无数次实验的记载、归纳、推理和总结。随着科学的发展，这些知识将日新月异，不断更新和丰富。通过化学实验，一方面可以用亲手做出来的结果来验证书本知识，使所学知识具体化，帮助学生加深对书本知识的理解和巩固；另一方面实验课使学生在实验手段和方法、实验技术、仪器使用等方面得到全面培养，提高动手能力，为将来在浩瀚的知识海洋中注入一杯"自己的水"做好准备。

化学实验是生命科学、食品科学、环境科学、地理科学、生物技术、药学、材料学、化工等专业学生的必修基础实验课，是学生进入专业课程学习和做毕业论文设计之前的基础实验课程。实验教学的主要任务是引导学生仔细观察实验现象，直接获得化学感性知识，养成严谨的科学态度和良好的实验作风，培养其分析问题、解决问题的能力以及创新思维。通过无机化学、分析化学、有机化学、物理化学实验训练之后，使学生既具备坚实的实验基础，又具有初步的解决实际问题的能力和科研能力，实现由学习知识、技能到进行科学研究的初步转变。

本书的编写力图在选题和取材上尽可能反映化学的这一特点，每一个实验都有一定的理论性、可行性和实用性。内容安排着力于培养学生宽广的基础知识和基本技能，以期获得能够适应未来社会发展需要的专业人才。通过一定的化学分析、仪器操作、合成反应等实验，使学生通过实验教学的各个具体环节，在学习化学理论知识的同时，学习和掌握化学实验的基本知识和基本操作技能；培养学生严谨的科学态度，以及准确观察实验现象、处理实验数据、表达实验结果和撰写实验报告的能力，同时编写了部分实际应用综合性实验，以期训练学生基本理论知识的综合应用能力，培养学生独立解决实物分析的能力，提高定量化学分析知识的灵活应用水平。

本书共分 5 章，编入 47 个实验供选择使用。由黄丽红任主编，马奕春、朱龙华、李银艳任副主编。参加编写的有黄丽红（前言、第 1 章、第 2 章、第 3 章、第 4 章）、马奕春（实验 5、8、9、12、13、15～17）、朱龙华（附录、实验 27、28、30、31、33～35）、石明娟（实验 6、7、18、19、24～26、29、32）、李银艳（实验 36～47）、赵静（实验 14、20～23）、林芳（实验 1～4、10、11）。全书由黄丽红、马奕春、朱龙华、李银艳修改，由黄丽红统稿和定稿。

由于编者水平有限，疏漏和不妥之处在所难免，敬请广大读者不吝批评指正。

编者

2015 年 10 月

目 录 CONTENTS

第1章 化学实验基本知识

1.1 化学实验的目的和基本要求 …………………………………………………………… 1
1.2 化学实验室的工作规则 …………………………………………………………………… 2
1.3 化学实验室的安全知识 …………………………………………………………………… 3
 1.3.1 化学实验室安全守则 …………………………………………………………… 3
 1.3.2 事故的预防 ……………………………………………………………………… 3
 1.3.3 实验室意外事故的一般处理 …………………………………………………… 5
 1.3.4 危险品的分类 …………………………………………………………………… 6
 1.3.5 电器仪表的安全使用 …………………………………………………………… 7
1.4 化学试剂分类及选用 ……………………………………………………………………… 7
1.5 钢瓶及减压表 ……………………………………………………………………………… 8
1.6 实验室用水 ………………………………………………………………………………… 9
 1.6.1 实验室常见水的种类 …………………………………………………………… 9
 1.6.2 实验室用水级别及主要指标 …………………………………………………… 10
1.7 常用玻璃仪器及装置 ……………………………………………………………………… 10
 1.7.1 常用玻璃仪器 …………………………………………………………………… 10
 1.7.2 有机化学常用装置 ……………………………………………………………… 10

第2章 误差与数据处理

2.1 误差 ………………………………………………………………………………………… 14
 2.1.1 误差的分类 ……………………………………………………………………… 14
 2.1.2 误差的减免 ……………………………………………………………………… 16
 2.1.3 误差的表示方法 ………………………………………………………………… 16
2.2 有效数字 …………………………………………………………………………………… 18
 2.2.1 有效数字的位数 ………………………………………………………………… 18

2.2.2　有效数字的修约规则 ………………………………………………………… 18
　　2.2.3　有效数字的运算规则 ………………………………………………………… 19
2.3　实验数据的处理 …………………………………………………………………… 19
　　2.3.1　测定结果的表示 ……………………………………………………………… 20
　　2.3.2　可疑数据的取舍——Q 检验法 ……………………………………………… 21
2.4　实验报告格式 ……………………………………………………………………… 22

第3章　化学实验基本操作

3.1　常用仪器的洗涤与干燥 …………………………………………………………… 25
　　3.1.1　常用仪器的洗涤 ……………………………………………………………… 25
　　3.1.2　常用仪器的干燥 ……………………………………………………………… 26
3.2　试剂的取用 ………………………………………………………………………… 26
　　3.2.1　固体试剂的取用 ……………………………………………………………… 26
　　3.2.2　液体试剂的取用 ……………………………………………………………… 27
3.3　加热与冷却 ………………………………………………………………………… 27
　　3.3.1　加热 …………………………………………………………………………… 27
　　3.3.2　冷却 …………………………………………………………………………… 29
3.4　量器及其使用 ……………………………………………………………………… 29
　　3.4.1　滴定管及滴定操作 …………………………………………………………… 29
　　3.4.2　移液管、吸量管及其使用 …………………………………………………… 31
　　3.4.3　容量瓶及其使用 ……………………………………………………………… 33
3.5　试纸和滤纸的使用 ………………………………………………………………… 34
　　3.5.1　试纸的使用 …………………………………………………………………… 34
　　3.5.2　滤纸的选用 …………………………………………………………………… 35
3.6　固液分离 …………………………………………………………………………… 35
　　3.6.1　倾泻法 ………………………………………………………………………… 35
　　3.6.2　过滤法 ………………………………………………………………………… 35
　　3.6.3　离心分离法 …………………………………………………………………… 37
3.7　重结晶 ……………………………………………………………………………… 38
　　3.7.1　热水漏斗的使用 ……………………………………………………………… 38
　　3.7.2　活性炭的使用 ………………………………………………………………… 38
　　3.7.3　重结晶提纯法的一般操作方法 ……………………………………………… 39
3.8　升华 ………………………………………………………………………………… 39
　　3.8.1　常压升华 ……………………………………………………………………… 40
　　3.8.2　减压升华 ……………………………………………………………………… 40
3.9　萃取 ………………………………………………………………………………… 40
　　3.9.1　液-液萃取 …………………………………………………………………… 41
　　3.9.2　液-固萃取 …………………………………………………………………… 41
3.10　标准溶液 …………………………………………………………………………… 42
　　3.10.1　标准溶液浓度大小的选择 …………………………………………………… 42

3.10.2 基准物质 ·· 43
3.10.3 标准溶液的配制 ·· 43
3.11 有机化合物的干燥 ·· 44
3.11.1 基本原理 ·· 44
3.11.2 液体有机化合物的干燥 ·· 44
3.11.3 固体有机化合物的干燥 ·· 46
3.11.4 气体的干燥 ·· 46

第4章 常用实验仪器的使用方法

4.1 电子天平 ·· 47
4.1.1 天平的使用方法 ·· 47
4.1.2 称量方法 ·· 48
4.2 酸度计 ·· 48
4.2.1 标定 ·· 48
4.2.2 pH 值的测量 ··· 49
4.3 分光光度计 ··· 49
4.3.1 721 型分光光度计 ·· 49
4.3.2 722 型分光光度计 ·· 51
4.4 恒温槽 ·· 52
4.4.1 影响恒温槽灵敏度的因素 ·· 53
4.4.2 恒温槽一般使用方法 ·· 53
4.5 阿贝折射仪 ··· 53
4.5.1 2W 型阿贝折射仪的使用 ··· 53
4.5.2 2WA-J 型阿贝折射仪的使用 ······································ 54
4.6 旋光仪 ·· 55
4.6.1 旋光仪工作原理 ·· 55
4.6.2 旋光仪操作使用 ·· 57
4.7 电导率仪 ·· 58
4.7.1 电导率仪工作原理 ··· 58
4.7.2 电导率仪操作使用 ··· 59
4.8 乌氏黏度计 ··· 60

第5章 实验

5.1 无机及分析化学实验 ·· 62
实验1 一般溶液的配制 ·· 62
实验2 化学反应焓变的测定 ··· 63
实验3 化学反应速率的测定 ··· 65
实验4 pH 法测定醋酸的解离常数 ······································· 68
实验5 解离平衡和沉淀反应 ··· 69
实验6 缓冲作用和氧化还原性的验证 ·································· 71

实验 7　二价铁离子与邻菲啰啉配合物的组成及其稳定常数的测定 …………… 72
实验 8　常见阴离子的个别鉴定 …………………………………………………… 74
实验 9　常见阳离子的个别鉴定 …………………………………………………… 76
实验 10　酸碱标准溶液的配制与比较 …………………………………………… 78
实验 11　NaOH 和 HCl 标准溶液浓度的标定 …………………………………… 80
实验 12　双指示剂法分析混合碱的含量 ………………………………………… 82
实验 13　水样中化学需氧量（COD）的测定 …………………………………… 83
实验 14　EDTA 标准溶液的配制与标定 ………………………………………… 84
实验 15　水的总硬度的测定 ……………………………………………………… 86
实验 16　罐头食品中食盐含量的测定（莫尔法） ……………………………… 88
实验 17　钡盐中钡含量的测定（沉淀重量法） ………………………………… 89
实验 18　过氧化氢含量的测定 …………………………………………………… 90
实验 19　有机酸含量的测定 ……………………………………………………… 91
实验 20　阿司匹林含量的测定 …………………………………………………… 92
实验 21　碳酸钠的制备与分析 …………………………………………………… 94
实验 22　洗衣粉中活性组分和碱度的测定 ……………………………………… 97
实验 23　蛋壳中 Ca^{2+}、Mg^{2+} 含量的测定 …………………………………… 99

5.2　有机化学实验 ………………………………………………………………… 102
实验 24　熔点的测定 ……………………………………………………………… 102
实验 25　重结晶及过滤——苯甲酸的重结晶 …………………………………… 104
实验 26　柱色谱法分离甲基橙和亚甲基蓝 ……………………………………… 105
实验 27　简单蒸馏 ………………………………………………………………… 106
实验 28　分馏 ……………………………………………………………………… 109
实验 29　醇和酚的性质 …………………………………………………………… 111
实验 30　乙酸乙酯的合成 ………………………………………………………… 112
实验 31　正溴丁烷的合成 ………………………………………………………… 114
实验 32　乙酰水杨酸的制备 ……………………………………………………… 115
实验 33　从茶叶中提取咖啡碱 …………………………………………………… 117
实验 34　黄连素的提取 …………………………………………………………… 119
实验 35　阿司匹林的合成、鉴定与含量分析 …………………………………… 121

5.3　物理化学实验 ………………………………………………………………… 124
实验 36　燃烧热的测定 …………………………………………………………… 124
实验 37　完全互溶双液系平衡相图 ……………………………………………… 129
实验 38　$Fe(OH)_3$ 溶胶的制备与纯化 ………………………………………… 130
实验 39　蔗糖的转化 ……………………………………………………………… 134
实验 40　电导法测定乙酸乙酯皂化反应速率常数 ……………………………… 136
实验 41　黏度法测定高聚物的分子量——聚乙二醇分子量的测定 …………… 138
实验 42　微乳液的制备和性质——一种药用微乳液的制备和鉴定 …………… 141
实验 43　金属相图的测定 ………………………………………………………… 145
实验 44　最大气泡法测定表面张力 ……………………………………………… 148

实验45　电动势的测定 ·· 150
实验46　凝固点降低法测定摩尔质量 ·· 151
实验47　液体饱和蒸气压的测定 ·· 154

附录

附录1　常见无机离子的检验 ··· 157
附录2　实验室常用洗液 ··· 158
附录3　常用试剂溶液的配制 ··· 159
附录4　常用指示剂的配制 ·· 162
附录5　几种缓冲溶液的配制方法 ··· 163
附录6　标准缓冲溶液在不同温度下的pH值 ······································· 163
附录7　常用基准试剂 ·· 163
附录8　常用有机溶剂的纯化 ··· 164

参考文献

第1章 化学实验基本知识

1.1 化学实验的目的和基本要求

化学是一门以实验为基础的学科，在化学学习中，实验操作占有极其重要的地位。通过实验操作训练，可直接获得化学感性知识，培养学生严谨的科学态度和良好的实验作风，分析问题、解决问题、综合归纳的能力以及创新思维。通过实验学会常用仪器的操作，了解近代大中型仪器在化学实验中的应用，使其既具备坚实的实验基础，又具初步的科研能力，实现由学习知识、技能到进行科学研究的初步转变。通过实验现象的观察与讨论，提高观察问题和分析问题的敏锐力，使实事求是和力求缜密成为职业习惯和基本科研态度。

要达到上述目的，必须有正确的学习态度和学习方法。化学实验的学习，可从预习、实验、实验报告三个方面来掌握。

(1) 预习

化学实验，着重于基本技能和基本方法的训练。实验前须认真预习实验并达到下列要求：

① 阅读实验教材和教科书中的有关内容，必要时参阅有关资料，复习与实验有关的理论，获得该实验所需的有关化学反应方程式及相关常数等；

② 明确实验的目的和要求，透彻理解实验的基本原理；

③ 了解实验的内容及步骤、操作过程和实验时应当注意的事项；对所用仪器的工作原理、基本构造、使用方法及使用中的注意事项有一个基本了解；

④ 通过自己对本实验的理解，写出预习报告，包括实验目的、简要操作步骤、实验注意事项及实验数据记录表等，实验步骤部分尽可能用方框图、表解或图解（流程图）等方式简明表示，并用醒目的标记注出必须注意的事项，以便进行实验时明确知道这一步或下一步要做什么和该注意什么，并且要留有空白，以便随时记录实验现象和数据。

进入实验室后，首先要核对仪器与试剂，看是否完好，发现问题及时向指导教师提出；然后对照仪器进一步预习，并接受教师的提问、检查，在教师指导下做好实验准备工作。实验前未进行预习者不准进行实验。

（2）实验

实验进行时，要思想集中、操作认真、仔细观察、积极思考，及时将观察到的实验现象及测得的各种数据如实地记录在记录本上，注意培养自己严谨的科学态度和实事求是的科学作风，决不能弄虚作假、随意修改数据。要严格按照操作规则进行实验，遵从教师的指导，在具体操作过程中，动作要敏捷有序，不慌不乱。

如果发现观察到的实验现象与理论不符合，先要尊重实验事实，然后加以分析。定量实验失败或产生的误差较大，应努力寻找原因，并经实验指导教师同意，重做实验。必要时可做对照实验、空白实验或自行设计的实验来核对，直到从中得出正确的结论。实验中遇到疑难问题和异常现象而自己难以解释时，可提请实验指导教师解答。

严格遵守实验室工作规则。实验后做好整理工作，包括清洗、整理好仪器和试剂，清理实验台面，清扫实验室。检查水、电、气，关好门窗。

（3）实验报告

实验报告是总结实验进行的情况、分析实验中出现的问题、整理归纳实验结果必不可少的环节。化学实验报告内容包括实验目的和原理、实验内容、实验仪器和试剂、实验条件、实验数据记录和处理，实验结果和讨论等。

数据处理应在明确原理、方法步骤及计算公式和有效数字的基础上，按法定单位标准进行运算、作图、列表等得出结果，然后对结果进行误差分析，结合实验现象讨论、解释或对实验提出改进意见。

无论实际结果与书本记载是否相符，都必须按照实际情况简明扼要、结论明确、字迹端正地书写实验报告，要求每一个学生能独立完成并及时交指导教师审阅。

1.2 化学实验室的工作规则

为了保证实验的正常进行和培养良好的实验作风，学生必须遵守下列实验室规则。

① 实验前应做好一切准备工作，认真预习，明确实验目的和要求，了解实验基本原理、内容和方法，了解所用药品和试剂的毒性和其他性质，牢记操作中的注意事项。

② 进入实验室，应严格遵守实验室安全守则和每个具体实验操作中的安全注意事项。如发生意外事故，应立刻报告教师及时处理。

③ 进入实验室必须身着白大褂，禁止穿拖鞋、背心进入实验室，树立良好的风气和秩序。遵守纪律，不迟到、不早退，不在实验室里大声喧哗，不在实验室饮食，保持室内安静。不得擅自离开实验岗位。

④ 实验前要检查实验仪器是否完好，如有缺损向教师申报登记补发。若在实验过程损坏仪器，应及时报告，并填写仪器破损报告单，经指导教师签字后交实验室工作人员处理。

⑤ 实验过程应养成细心观察和及时记录的良好习惯，凡实验所用物料的质量、体积以及观察到的现象和测定的所有数据都应立即、如实地做好记录，然后将记录本和盛有产物并贴好标签的样品瓶交教师检查。

⑥ 遵从教师指导，并严格按照实验指导书所规定的步骤、试剂的规格和用量进行实验。若有新的见解和建议，如改变实验步骤，需征得教师同意，以免出现意外事故。

⑦ 实验时要保持桌面和实验室清洁整齐。废液倒入废液缸内，火柴梗、用过的试纸或滤纸等废物一起投入废物篓内；严禁投放在水槽中，以免腐蚀和堵塞水槽及下水道。

⑧ 爱护公物，节约水、电及消耗性试剂。公用仪器及试剂不能随意挪动，用后立即放回原处，不得乱拿乱放。试剂瓶中试剂不足时，应报告指导老师，及时补充。

⑨ 使用精密仪器时，须严格按照操作规程，细心谨慎，避免因粗心而损坏仪器。如发现仪器故障，应立即停止使用，报告教师，及时排除故障。使用后必须自觉填写仪器使用登记本。

⑩ 实验完毕，将实验桌面、仪器和试剂架整理好，须经教师同意后方能离开。学生轮流值日，值日生负责做好整个实验室的清洁工作，并关好水、电、气的开关及门窗等。实验室一切物品不得带离实验室。

1.3 化学实验室的安全知识

化学实验中，经常要使用水，电，易燃、易爆、有毒和有腐蚀性的试剂，易破碎的玻璃仪器以及一些较为贵重的仪器设备。为了避免发生着火、烧伤、爆炸、中毒及损坏贵重仪器等事故，确保人身和国家财产安全，保障实验顺利进行，学生除严格遵守操作规程和实验室工作规则外，必须严格遵守实验室有关安全规则，熟悉各种仪器、试剂的性能及一般事故的处理方法等安全知识。

1.3.1 化学实验室安全守则

① 实验开始前，检查仪器是否完整无损，装置安装是否正确。要熟悉实验室各种安全用具（如灭火器、沙桶、洗眼器、冲淋装置、急救箱等）的放置地点和使用方法。

② 实验进行时，不得擅自离开岗位。水、电、煤气、酒精灯等使用完毕应立即关闭。实验结束后，值日生和最后离开实验室的人员应再一次检查它们是否被关好。

③ 绝不允许任意混合化学试剂，以免发生事故。

④ 浓酸浓碱等具有强腐蚀性的试剂，切勿溅在皮肤或衣服上，尤其不可溅入眼睛中。

⑤ 极易挥发和引燃的有机溶剂（如乙醚、乙醇、丙酮、苯等），使用时必须远离明火；用后要立即塞紧瓶塞，置于阴凉处。

⑥ 加热时，要严格遵从操作规程。制备或实验具有刺激性、恶臭和有毒的气体时，必须在通风橱内进行。

⑦ 实验室内任何试剂不得入口或接触伤口，有毒试剂更应特别注意。有毒废液不得倒入水槽。为防止污染环境，要增强自身的环境保护意识。

⑧ 实验室电器设备的功率不得超过电源负载能力。电器设备使用前应检查是否漏电，常用仪器外壳应接地。人体与电器导电部分不能直接接触，也不能用湿手接触电器插头。

⑨ 做危险性实验，应使用防护眼镜、面罩、手套等防护用具。

⑩ 不能在实验室内饮食、吸烟，实验结束后，必须洗净双手方可离开实验室。

1.3.2 事故的预防

(1) 火灾的预防

实验中使用的有机溶剂大多数是易燃的，如乙醚、乙醇、石油醚、苯、汽油等，如操作不慎，易引起火灾。为了防止事故的发生，必要注意以下几点。

① 在使用或处理易挥发或易燃溶剂时，应远离火源。在进行易燃物质实验时，应将附近的易燃品搬开，不能用烧杯或其他敞口容器盛放易燃品。易燃有机溶剂在室温时即具有较大的蒸气压，空气中混杂易燃有机溶剂的蒸气达到一定极限时，遇有明火即发生燃烧爆炸。爆炸极限一般用可燃气体或蒸气在混合物中的体积分数来表示，有时也用单位体积气体中可燃物的含量来表示（$g \cdot m^{-3}$ 或 $mg \cdot L^{-1}$）。表 1.1 为常用易燃溶剂爆炸的极限值。

表 1.1 常用易燃溶剂爆炸极限值

名称	沸点/℃	闪燃点/℃	爆炸范围(体积分数)/%
甲醇	64.96	11	6.7~36.5
乙醇	78.5	12	3.3~19.0
乙醚	34.51	−45	1.9~36.5
丙酮	56.2	−17.5	2.6~12.8
苯	80.1	−11	1.4~7.1

② 使用易燃、易爆气体时，如氢气、乙炔等，要保持室内空气畅通，严禁明火，并应防止一切火星的发生，如由于敲击、静电摩擦、马达炭刷或电器开关等所产生的火花。表 1.2 为易燃气体爆炸极限值。

表 1.2 易燃气体爆炸极限值

气体	空气中的含量(体积分数)/%
氢气(H_2)	4.0~74.2
一氧化碳(CO)	12.5~74.2
氨(NH_3)	15.5~27.0
甲烷(CH_4)	4.5~13.1
乙炔($CH \equiv CH$)	2.5~80.0

③ 蒸馏低沸点有机物时，装置不能漏气。如发现漏气时，应立即停止加热，检查原因，稍冷后才能更换仪器。从蒸馏装置接收瓶出来的尾气的出口应远离火源，最好用橡皮管将尾气通入下水道。

④ 回流或蒸馏液体是应加沸石，以防止液体过热暴沸而冲出。若加热后发现未加沸石，则应停止加热，待稍冷后才能加入沸石，否则，会因暴沸而引起火灾等事故。

⑤ 不得把燃着的或者带着火星的火柴棒或纸条等乱抛乱掷，也不得丢在废液缸中。

(2) 爆炸的预防

在一些有机化学实验中由于反应过猛、仪器堵塞、违章操作使用易爆物都可引起爆炸。在有机化学实验室里一般采取预防爆炸的措施如下。

① 常压蒸馏或加热回流时，均不能在封闭系统内进行，并经常检查仪器部分有无堵塞现象，减压蒸馏时，不得使用不耐压的仪器，如锥形瓶等。

② 不能使易燃易爆的气体接近火源，如乙醚和汽油一类的蒸气与空气相混时极为危险，

可能会由一个火花而引起爆炸。

③ 使用易爆物,如金属炔化物、苦味酸金属盐、过氧化物、重氮盐等或遇水易爆炸的物质,如钠、钾等,应严格按操作规范进行。

④ 浓硝酸、高氯酸、氯酸钾和过氧化氢等氧化剂与有机物接触,极易引起爆炸,使用时应特别小心,切勿看错标签、加错试剂。

⑤ 如遇瓶塞不易开启时,必须注意瓶内贮物的性质,切不可贸然用火加热或乱敲瓶塞。

(3) 中毒的预防

有些化学试剂可引起急性或慢性中毒。为了防止中毒,除了保持室内通风,勤洗手外,还要注意下列几点。

① 称重任何化学试剂都应使用牛角匙等工具,不得用手直接接触,更不能触及伤口。若试剂沾在皮肤上应及时冲洗干净。

② 有些有毒物质会渗入皮肤,因此在接触液体或固体有毒物质时,必须戴橡皮手套,切勿让毒品沾及五官或伤口。

③ 在反应过程中可能产生有毒或腐蚀性气体的实验应在通风橱内进行。

④ 盛存有毒试剂的仪器,用过后应立即采取适当的方法洗净。实验后的有毒残渣必须做妥善而有效的处理,不准乱丢。

1.3.3 实验室意外事故的一般处理

(1) 割伤

先取出伤口内异物,轻伤可用生理盐水或硼酸溶液擦洗,并用1%双氧水溶液消毒,然后在伤口处抹上红汞药水或撒上消炎粉后用纱布包扎或用创可贴。重伤出血过多时,可用云南白药止血,并速送医院急救。

(2) 烫伤

伤口已破,则先用10%稀$KMnO_4$或苦味酸溶液冲洗,再撒上消炎粉;伤口未破,则在伤口处抹上黄色的苦味酸溶液、烫伤膏或万花油,也可用碳酸氢钠溶液涂擦,切勿用水冲洗。重者需送医院救治。

(3) 酸蚀伤

速用大量清水冲洗,后用$NaHCO_3$饱和溶液或稀氨水或肥皂水洗,再用清水冲洗。

(4) 碱蚀伤

先用大量水冲洗,再用约$0.3mol·L^{-1}$ HAc 溶液洗,最后用水冲洗。如溅入眼中,先用硼酸溶液洗,再用水洗。

(5) 溴灼伤

用乙醇或10% $Na_2S_2O_3$溶液洗涤伤口,再用水冲洗干净,并涂敷甘油。若起泡,不要挑破。

(6) 磷灼伤

用5% $CuSO_4$溶液或$KMnO_4$溶液洗涤伤口,并用浸过$CuSO_4$溶液的绷带包扎。

(7) 苯酚灼伤

先用大量水冲洗,再用4:1的乙醇(70%)/氯化铁($1mol·L^{-1}$)的混合液洗涤。

(8) 吸入刺激性、有毒气体

吸入氯气、氯化氢气体、溴蒸气时,可吸入少量酒精和乙醚的混合蒸气使之解毒。吸入硫化氢气体而感到不适时，应立即到室外呼吸新鲜空气。

(9) 毒物进入口中

若毒物尚未咽下，应立即吐出来，并用水冲洗口腔；若已咽下，用5~10mL稀硫酸铜溶液加入一杯温水内服，再设法促使呕吐，并送医院诊治。

(10) 汞洒落

使用汞时应避免泼洒在实验台或地面上，使用后的汞应收集在专用的回收容器中，切不可倒入下水道或污物箱内。万一发生少量汞洒落，应尽量收集干净，然后在可能洒落的地区洒一些硫黄粉，最后清扫干净，并集中做固体废物处理。

(11) 起火

若因酒精、苯、乙醚等引起着火，立即用湿抹布、石棉布或沙子覆盖燃烧物；火势大时可用泡沫灭火器。若遇电器设备引起的火灾，应先切断电源，用二氧化碳灭火器或干粉灭火器灭火，不能用泡沫灭火器，以免触电。火势较大，则应立即报警。衣服着火，切忌奔跑，应就地滚动，或用浸湿的东西在身上抽打直至灭火。

(12) 触电

首先切断电源，必要时进行人工呼吸。

1.3.4 危险品的分类

根据危险品的性质，常用的一些化学试剂可大致分为易燃、易爆和有毒3大类。

1.3.4.1 易燃化学试剂

(1) 可燃气体

常见的可燃气体有NH_3、$CH_3CH_2NH_2$、Cl_2、CH_3CH_2Cl、C_2H_2、H_2、H_2S、CH_4、CH_3Cl、O_2、SO_2和煤气等。

(2) 易燃液体

它可分为一级、二级和三级。一级易燃液体有丙酮、乙醚、汽油、环氧丙烷、环氧乙烷等；二级易燃液体有甲醇、乙醇、吡啶、甲苯、二甲苯、正丙醇、异丙醇、二氯乙烯、丙酸戊酯等；三级易燃液体有松香水、煤油、松节油等。

(3) 易燃固体

它可分为无机物和有机物两大类，无机物类如红磷、硫黄、P_2S_3、镁粉和铅粉等；有机物类如硝化纤维、樟脑等。

(4) 自燃物质

最常见的自燃物质有白磷。

(5) 遇水燃烧的物品

遇水易燃烧的物品有K、Na、CaC_2等。

1.3.4.2 易爆化学试剂

H_2、C_2H_2、CS_2和乙醚及汽油的蒸气与空气或O_2混合，皆可因火花导致爆炸。

单独可爆炸的试剂有硝酸铵、镭酸铵、三硝基甲苯、硝化纤维、苦味酸等。

混合发生爆炸的试剂有：C_2H_5OH加浓HNO_3；$KMnO_4$加甘油；$KMnO_4$加S；HNO_3加Mg和HI；NH_4NO_3加锌粉和水滴；硝酸盐加$SnCl_2$；过氧化物加Al和H_2O；S加HgO；Na或K加H_2O等。

氧化剂与有机物接触，极易引起爆炸，故在使用 HNO_3、$HClO_4$、H_2O_2 等时必须注意。

1.3.4.3 有毒化学试剂

(1) 有毒气体

Br_2、Cl_2、F_2、HBr、HCl、HF、SO_2、H_2S、$COCl_2$、NH_3、NO_2、PH_3、HCN、CO、O_3 和 BF_3 等均为有毒气体，具有窒息性或刺激性。N_2 也具有窒息性，使用时要注意通风。

(2) 强酸强碱类

强酸和强碱均会刺激皮肤，有腐蚀作用，会造成化学烧伤。强酸、强碱可烧伤眼睛角膜，其中强碱烧伤后 5min，可使角膜完全毁坏。HF、PCl_3、CCl_3COOH 等也有强腐蚀性。

(3) 高毒性固体

高毒性固体有无机氰化物、As_2O_3 等砷化物、$HgCl_2$ 等可溶性汞化合物、铊盐、Se 及其化合物和 V_2O_5 等。

(4) 有毒有机物

有毒有机物有苯、甲醇、CS_2 等有机溶剂，芳香硝基化合物，苯酚，硫酸二甲酯，苯胺及其衍生物等。

(5) 已知的危险致癌物质

已知的危险致癌物质有：联苯胺及其衍生物、β-萘胺、二甲氨基偶氮苯、α-萘胺等芳胺及其衍生物；N-四甲基-N-亚硝基苯胺、N-亚硝基二甲胺、N-甲基-N-亚硝基脲、N-亚硝基氢化吡啶等 N-亚硝基化合物；双(氯甲基)醚、氯甲基甲醚、碘甲烷、β-羟基丙酸丙酯等烷基化试剂；苯并[a]芘、二苯并[c,g]咔唑、二苯并[a,h]蒽、7,12-二甲基苯并[a]蒽等稠环芳烃；硫代乙酰胺硫脲等含硫化合物；石棉粉尘等。

(6) 具有长期积累效应的毒物

具有长期积累效应的毒物有：苯；铅化合物，特别是有机铅化合物；汞、二价汞盐和液态的有机汞化合物等。

1.3.5 电器仪表的安全使用

① 在使用前，先了解电器仪表要求使用的电源是交流电还是直流电；是三相电还是单相电以及电压的大小（380V、220V、110V 或 6V）。须弄清电器功率是否符合要求及直流电器仪表的正、负极。

② 仪表量程应大于待测量。若待测量大小不明时，应从最大量程开始测量。

③ 实验之前要检查线路连接是否正确。经教师检查同意后方可接通电源。

④ 在电器仪表使用过程中，如发现有不正常声响、局部升温或嗅到绝缘漆过热产生的焦味，应立即切断电源，并报告教师进行检查。

1.4 化学试剂分类及选用

化学试剂一般是按杂质含量的多少而分成四个级别，见表 1.3。

表 1.3 我国化学试剂等级划分

等级	名称	英文名称	符号	适用范围	标签颜色
一级	优级纯	Guaranteed Reagent	G.R.	精密分析和科研	绿
二级	分析纯	Analytical Reagent	A.R.	一般分析和科研	红
三级	化学纯	Chemically Pure	C.P.	一般化学实验	蓝
四级	实验试剂	Laboratorial Reagent	L.R.	实验辅助试剂及一般化学制备	棕色等
	生物试剂	Biological Reagent	B.R. 或 C.R.		黄色等

除了上述四个级别外,目前市场上尚有基准试剂和光谱纯试剂。

① 基准试剂:专门作为基准物用,可直接配制标准溶液。

② 光谱纯试剂:缩写为 SP(Spectrum Pure),表示光谱纯净。但由于有些有机物在光谱上显示不出,所以有时主成分达不到 99.9% 以上,使用时必须注意,特别是作基准物时,必须进行标定。

不同的化学试剂级别,在价格上相差极大。因此,使用时,必须根据实验要求,选用合适的级别,以免浪费。

1.5 钢瓶及减压表

钢瓶又称高压气瓶,是一种在加压下贮存或运送气体的容器,应用较广。但有时由于使用不当将会发生重大事故。若要使用钢瓶,应事先征得指导教师许可,按要求使用。为了防止各种钢瓶在充装气体时混用,全国统一规定了瓶身、横条以及标字的颜色。现将常用的几种钢瓶的标色列于表 1.4。

表 1.4 常用钢瓶的标色

气体类型	瓶身颜色	横条颜色	标字颜色
氮气	黑	棕	黄
空气	黑	—	白
氧气	天蓝	—	黑
氢气	深绿	红	红
二氧化碳	黑	—	黄
氯气	草绿	白	白
氨气	黄	—	黑
其他一切可燃气体	红		白
其他一切不可燃气体	黑	—	黄

使用钢瓶要用减压表。减压表是由指示钢瓶压力的总压力表、控制压力的减压阀和减压后的分压力表三部分组成。先将减压阀旋到最松位置(即关闭状态),然后打开钢瓶的气阀门,瓶内的气压即在总压力表上显示。慢慢旋紧减压阀,使分压力表上达到所需压力。用毕,应先关紧钢瓶的气阀门,待总压力表和分压力的指针复原到零时,再旋松减压阀。

使用钢瓶的注意事项：

① 钢瓶应存放在阴凉、干燥、通风、远离热源的地方。可燃性气瓶应与氧气瓶分开存放。钢瓶要靠墙固定，压力表半年校验一次。

② 搬运钢瓶应使用钢瓶推车并保持直立，关紧减压阀，要小心轻放，钢瓶帽要旋上。

③ 使用时应装减压阀和压力表。可燃性气瓶（如 H_2、C_2H_2）气门螺丝为反丝；不燃性或助燃性气瓶（如 N_2、O_2）为正丝。各种压力表一般不可混用。

④ 不让油或易燃有机物沾染气瓶（特别是气瓶出口和压力表上），尤其是氧气钢瓶。

⑤ 开启总阀门时，不要将头或身体正对总阀门，防止阀门或压力表冲出伤人。

⑥ 不可把气瓶内气体用光，必须留存一定的正压力，以防重新充气时发生危险。

⑦ 使用中的气瓶应每三年检查一次，装腐蚀性气体的钢瓶每两年检查一次。不合格的气瓶不可继续使用。

⑧ 氢气瓶应放在远离实验室的专用小屋内，用紫铜管引入实验室，并安装防止回火装置。

1.6 实验室用水

1.6.1 实验室常见水的种类

实验室用水分为自来水、蒸馏水、去离子水、超纯水等。

(1) 蒸馏水

将自来水在蒸馏装置中加热汽化，再将水蒸气冷却，即得到蒸馏水。蒸馏分单蒸馏和重蒸馏。在天然水或自来水没污染的情况下，单蒸馏水就能接近纯水的纯度指标，但很难排除二氧化碳的溶入。为使单蒸馏水达到纯度指标，必须通过二次蒸馏，又称重蒸馏。一般情况下，经过二次蒸馏，能除去单蒸馏水中的杂质，在一周时间内能保持纯水的纯度指标不变。

(2) 去离子水

应用离子交换树脂可去除水中的阴离子和阳离子，也能除去原水中绝大部分盐、碱和游离酸，但不能完全除去有机物和非电解质，因此最好利用市售的普通蒸馏水或电渗水替代原水，进行离子交换处理而制备去离子水。但因有机物无法去掉，TOC（总有机碳）和 COD（化学需氧量）值往往比原水还高。去离子水存放后也容易引起细菌的繁殖。

(3) 超纯水

其标准是水电阻率为 $18.2M\Omega \cdot cm$。但超纯水在 TOC、细菌、内毒素等指标方面并不相同，要根据实验的要求来确定，如细胞培养则对细菌和内毒素有要求，而 HPLC（高效液相色谱）分析用水则要求 TOC 低。

在使用实验室常见水时应注意如下事项：

① 节约用水，按需求量取水；

② 根据实验所需水的质量要求选择合适的水。洗刷玻璃器皿应先使用自来水，最后用去离子水冲洗；色谱、质谱及生物实验（包括缓冲液配置、水栽培、微生物培养基制备、色谱及质谱流动相等）应选用超纯水；

③ 超纯水和去离子水都不要存储，随用随取，若长期不用，在重新启用之前，要打开

取水开关，使纯水流出约几分钟时间后再取用；

④ 用毕切记关好水龙头。

1.6.2 实验室用水级别及主要指标（表1.5）

表1.5 实验室用水级别及主要指标

指标名称	一级	二级	三级
pH值范围(25℃)	—	—	5.0～7.5
电导率(25℃)/mS·m^{-1}	≤0.01	≤0.1	≤0.5
比电阻(25℃)/MΩ·cm	>10	>1	>0.2
吸光度(254nm,1cm光程)	≤0.001	≤0.01	
二氧化硅/mg·L^{-1}	≤0.01	≤0.02	
蒸发残渣/mg·L^{-1}	—	≤1.0	≤2.0

一级水用于有严格要求的分析实验，包括对悬浮颗粒有要求的实验，如高效液相色谱分析用水。一级水可用二级水经过石英设备蒸馏水或离子交换混合窗处理后，再0.2nm微孔滤膜过滤来制取。

二级水用于无机痕量分析等实验，如原子吸收光谱分析用水。二级水可用多次蒸馏或离子交换等制得。

三级水用于一般化学分析实验。三级水可用蒸馏或离子交换的方法制得。

1.7 常用玻璃仪器及装置

1.7.1 常用玻璃仪器

实验常用的玻璃仪器分为两类：一类为普通玻璃仪器，见图1.1；另一类为标准磨口玻璃仪器，见图1.2。

标准磨口玻璃仪器具有标准化、使用方便和系统化的特点。由于仪器容量大小不一，有不同编号，常用的标准磨口有10、12、14、19、24、29等数种型号，这里的编号是指磨口最大端的直径（mm）。相同编号的内外磨口仪器可以相互紧密连接，而不同编号则不能直接连接，但可以通过大小口接头，使它们彼此连接起来。

使用磨口仪器应注意以下几点：

① 标准口塞应保持清洁，保证磨砂接口的密合性，避免磨面的相互磨损；

② 使用前在磨砂口塞表面涂以少量真空油脂或凡士林，以增强磨砂接口的密合性，同时也便于接口的装拆；

③ 装配时不宜用力过猛，装拆时不得硬性装拆。磨口套管和磨塞尽量保持配套；

④ 用后应立即拆卸洗净，否则，对接处常会粘牢，以致拆卸困难。

1.7.2 有机化学常用装置

不同有机反应有不同的反应特征，反应物、产物、催化剂也有不同的理化性质，对反应

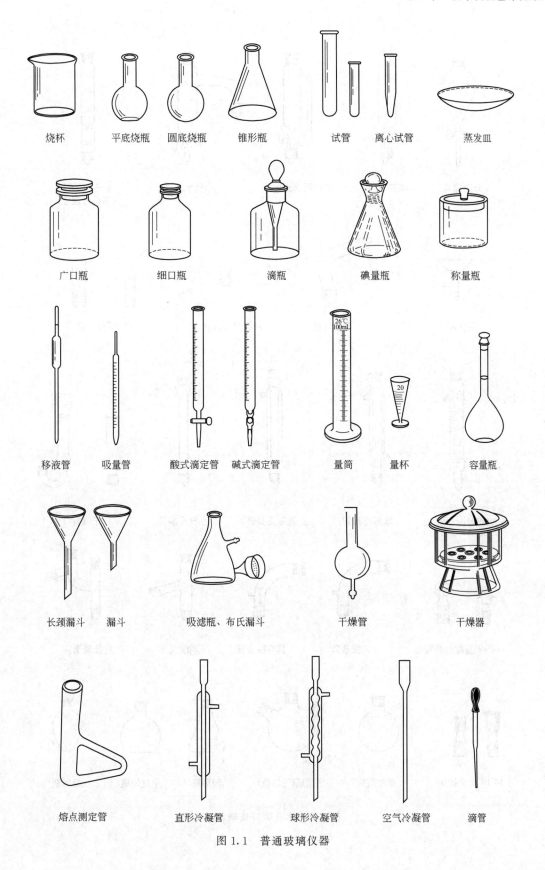

图 1.1 普通玻璃仪器

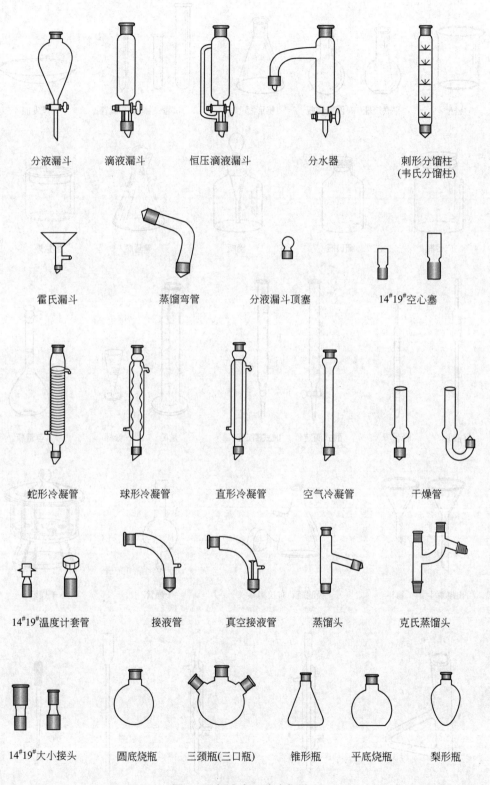

图1.2 标准磨口玻璃仪器

装置也有不同的要求。纵观各种装置，有机反应的容器是圆底烧瓶，圆底以其对称性带来好的承受外力作用和小的接触面而作为有机反应的容器，烧瓶上有数个磨口，磨口可与不同实验仪器构件相连，相互组成一套反应装置，适应于某个反应要求，常用装置如图 1.3 所示。

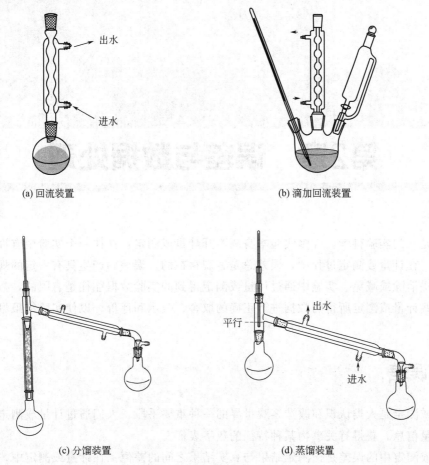

(a) 回流装置　　(b) 滴加回流装置

(c) 分馏装置　　(d) 蒸馏装置

图 1.3　有机化学常用装置

第2章 误差与数据处理

化学是一门实验科学,许多实验本身离不开计量或测定,往往一个实验中有许多计量或测定过程。在计量或测定过程中,误差总是客观存在的。误差的产生具有一定的规律性。误差可以设法消除或减免。实验中通过计量或测定得到的实验数据往往是有限的,数据处理就是要对这些计量或测定所得的数据进行正确的取舍、表示和评价,以使实验结果尽量接近客观真实值。

2.1 误差

计量或测定是人类认识和改造客观世界的一种重要手段,人们通过计量或测定获得客观世界的定量信息,获得有关事物某种特征的数字表征。

计量或测定中的误差是指测定结果与真实结果之间的差值。在计量或测定中,误差是客观存在的。在化学中,所用的数据或常数等大多数来自于实验,是通过计量或测定得到的。获得这些数据或常数时所采用的计量或测定装置本身有一定的计量或测量误差。因此,在物质组成的测定中,即使用最可靠的分析方法,使用最精密的仪器,由很熟练的分析人员进行测定,也不可能得到绝对准确的结果。同一个人对同一样品进行多次测定,所得结果也不尽相同。在化学计算中,还常会有许多近似处理,这种近似处理所求得的结果与精确计算所得的结果之间也存在一定的误差。另外,化学计量或测定的最终结果不仅表示了具体数值的大小,而且还表示了计量本身的精确程度。因此,我们有必要了解实验过程中误差产生的原因及其出现的规律,学会采取相应措施减小误差,以使测定结果接近客观真实值。

2.1.1 误差的分类

根据误差产生的原因与性质,可以分为系统误差、偶然误差及过失误差三类。

(1) 系统误差

系统误差是指在一定实验条件下,由于某个或某些经常性的因素按某些确定的规律起作用而形成的误差。系统误差的大小、正负在同一实验中是固定的，会使测定结果系统偏高或系统偏低，其大小、正负往往可以测定出来。

产生系统误差的主要原因有以下几个方面。

① **方法误差**　这是由于测定方法本身不够完善而引入的误差。例如，重量分析中由于沉淀溶解损失而产生的误差；在滴定分析中由于指示剂选择不够恰当而造成的误差。

② **仪器误差**　由于仪器本身不够精确或没有调整到最佳状态所造成的误差。例如，由于天平两臂不相等，砝码、滴定管、容量瓶、移液管等未经校正而引入的误差。

③ **试剂误差**　由于试剂不纯或者所用的去离子水不合规格，引入微量的待测组分或对测定有干扰的杂质而造成的误差。

④ **主观误差**　由于操作人员主观原因造成的误差。例如，对终点颜色的辨别不同，有人偏深，有人偏浅；用移液管取样进行平行滴定时，有人总是想使第二份滴定结果与前一份滴定结果相吻合，在判断终点或读取滴定读数时，就不自觉地接受这种"先入为主"的影响，从而产生主观误差。这类误差在操作中不能完全避免。

在实验条件改变时，系统误差会按某一确定的规律变化。重复测定不能发现和减小系统误差；只有改变实验条件，才能发现它；找出其产生的原因之后可以设法校正或消除。所以系统误差又称为可测误差。

（2）偶然误差

偶然误差亦称随机误差，是由于在测定过程中一系列有关因素微小的随机波动而形成的具有相互抵偿性的误差。偶然误差的大小及正负在同一实验中不是恒定的，并很难找到产生的确切原因，所以偶然误差又称为不定误差。

产生偶然误差的原因有许多。例如，在测量过程中由于温度、湿度、气压以及灰尘等的偶然波动都可能引起数据的波动。又如，在读取滴定管读数时，估读小数点后第二位的数值时，几次读数也并不一致。这类误差在操作中难以觉察、难以控制、无法校正，因此不能完全避免。

从表面上看，偶然误差的出现似乎没有规律，但是，如果反复进行很多次的测定，就会发现偶然误差的出现是符合一般的统计规律的：

① 大小相等的正、负误差出现的概率相等；

② 小误差出现的概率较大，大误差出现的概率较小，特大误差出现的概率更小。

这一规律可用误差的标准正态分布曲线（图2.1）表示。

图中横轴代表偶然误差的大小，以总体标准差 σ 为单位，纵轴代表偶然误差发生的概率。

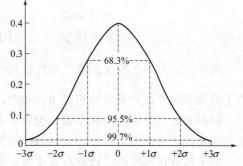

图 2.1　误差的标准正态分布曲线

（3）过失误差

在测定过程中，由于操作者粗心大意或不按操作规程办事而造成的测定过程中溶液的溅失、加错试剂、看错刻度、记录错误以及仪器测量参数设置错误等不应有的失误，都属于过失误差。过失误差会对计量或测定结果带来严重影响，必须注意避免。如果证实操作中有过失，则所得结果应予删除。为此，在实验中必须严格遵守操作规程，一丝不苟，耐心细致，养成良好的实验习惯。

应该指出，系统误差与偶然误差的划分也不是绝对的，有时很难区别某种误差是系统误差还是偶然误差。

例如，判断滴定终点的迟早、观察颜色的深浅，就总有一定的偶然性。此外，对于不同的操作方法，误差的性质也会有所不同。例如对于具有分刻度的吸量管，不同的吸量管误差可能是不相同的。如果用几支吸量管吸取相同体积的同一溶液，所产生的误差属于偶然误差；如果只用一支吸量管，几次吸取相同体积的同一溶液，所造成的误差应属于系统误差；如果每次使用不同的刻度区吸取溶液，由于不同刻度区的误差大小可能不同，有正有负，这时产生的误差就会转化为偶然误差。

2.1.2 误差的减免

系统误差可以采用一些校正的办法或制定标准规程的办法加以校正，使之减免或消除。

例如，在测定物质组成时，选用公认的标准方法与所采用的方法进行比较，可以找出校正数据，消除方法误差；在实验前对使用的砝码、容量器皿或其他仪器进行校正，可以消除仪器误差；进行空白实验，即在不加试样的情况下，按照试样测定步骤和分析条件进行分析实验，所得的结果称为空白值，从试样的测定结果中扣除此空白值，就可消除由试剂、蒸馏水及器皿引入的杂质所造成的系统误差；进行对照实验，即用已知含量的标准试样按所选用的测定方法，用同样的试剂，在同样的条件下进行测定，找出改正数据或直接在实验中纠正可能引起的误差。对照实验是检查测定过程中有无系统误差的最有效的方法。

随着测定次数的增加，偶然误差的平均值将会趋于零。因此，根据偶然误差的这一规律，可以采取适当增加测定次数，取其平均值的办法减小偶然误差。

2.1.3 误差的表示方法

(1) 误差与准确度

误差可以用来衡量测定结果准确度的高低。

准确度是指在一定条件下，多次测定的平均值与真实值的接近程度。误差越小，说明测定的准确度越高。

误差可以用绝对误差（absolute error）和相对误差（relative error）来表示：

$$\text{绝对误差} \quad E = \bar{x} - x_\text{T} \tag{2.1}$$

$$\text{相对误差} \quad RE = E/x_\text{T} \tag{2.2}$$

式中，$\bar{x}$ 为多次测定的算术平均值，$\bar{x} = \frac{1}{n}\sum_{i=1}^{n}x_i = \frac{x_1 + x_2 + \cdots + x_n}{n}$，$x_\text{T}$ 为真实值。为了避免与物质的质量分数相混淆，相对误差一般常用千分率（‰）表示。

如果测定平均值大于真实值，绝对误差为正值，表明测定结果偏高；如果测定平均值小于真实值，绝对误差为负值，表明测定结果偏低。

由于相对误差反映了误差在真实值中所占的比例，因而它更有实际意义。例如，使用分析天平称量两物体的质量各为 1.4268g 和 0.1426g，假定两者的真实值分别为 1.4267g 和 0.1425g，则两者称量的绝对误差分别为：

$$E_1 = 1.4268\text{g} - 1.4267\text{g} = +0.0001\text{g}$$

$$E_2 = 0.1426\text{g} - 0.1425\text{g} = +0.0001\text{g}$$

显然，两者称量的绝对误差是相同的。但是，两者称量的相对误差分别为：

$$RE_1 = +0.0001\text{g}/1.4267\text{g} = +0.07‰$$

$$RE_2 = +0.0001g/0.1425g = +0.7‰$$

可见，两物体称量的绝对误差相同，但由于两物体的质量不同，其称量的相对误差就不同。物体的质量越大，称量的相对误差就越小，误差对测定结果的准确度的影响就越小。

需要指出，真实值是客观存在的，但又是难以得到的。这里所说的真实值是指人们设法采用各种可靠的分析方法，由不同的具有丰富经验的分析人员、在不同的实验室进行反复多次的平行测定，再通过数理统计的方法处理而得到的相对意义上的真值。例如，被国际会议和国际标准化组织在国际上公认的一些量值，如原子量、国家标准样品的标准值等，都可以认为是真值。

(2) 偏差与精密度

在不知道真实值的场合，可以用偏差的大小来衡量测定结果的好坏。

偏差又称为表观误差，是指各次测定值与测定。偏差可以用来衡量测定结果精密度的高低。

精密度是指在同一条件下，对同一样品进行多次重复测定时各测定值相互接近的程度。偏差越小，说明测定的精密度越高。

偏差同样可以用绝对偏差和相对偏差来表示。

一组平行测定值中，单次测定值（x_i）与算术平均值（$\bar{x}$）之间的差称为该测定值的绝对偏差（d_i），简称偏差：

$$d_i = x_i - \bar{x} \tag{2.3}$$

偏差在算术平均值中所占的比例称为相对偏差：

$$相对偏差 = \frac{d_i}{\bar{x}} \tag{2.4}$$

由于各次测定值对平均值的偏差有正有负，故偏差之和等于零。为了说明分析结果的精密度，通常用平均偏差（$\bar{d}$）（average deviation）衡量：

$$\bar{d} = \frac{|d_1| + |d_2| + \cdots + |d_n|}{n} = \frac{\sum_{i=1}^{n}|x_i - \bar{x}|}{n} \tag{2.5}$$

平均偏差没有负值。

$$相对平均偏差 = \frac{\bar{d}}{\bar{x}} \tag{2.6}$$

用平均偏差表示精密度比较简单。但是，由于在一系列的测定结果中，小偏差占多数，大偏差占少数，如果按总的测定次数求平均偏差，所得的结果会偏小，大偏差得不到应有的反映。

(3) 准确度与精密度的关系

在物质组成的测定中，系统误差是主要的误差来源，它决定了测定结果的准确度；而偶然误差则决定了测定结果的精密度。评价一项分析结果的优劣，应该从测定结果的准确度和精密度两个方面入手。如果测定过程中没有消除系统误差，那么测定结果的精密度即使再高，也不能说明测定结果是准确的。只有消除了测定过程中的系统误差之后，精密度高的测定结果才是可靠的。

一个理想的测定结果，既要精密度好，又要准确度高。精密度高是保证准确度好的先决条件。精密度差，所测结果不可靠，就失去了衡量准确度的前提。但是，高的精密度不一定能保证高的准确度，可能有系统误差。只有在消除了系统误差之后，精密度高的分析结果才是既准确又精密的。初学者的分析结果不准确，往往是由于操作上的过失造成的，这多数可以从初学者分析结果的精密度不合格上反映出来。因此，初学者在分析测定过程中，首先要努力做到使自己测定结果的精密度符合规定的标准。

2.2 有效数字

有效数字是指实际能够测量到的数字。也就是说，在一个数据中，除了最后一位是不确定的或是可疑的外，其他各位数字都是确定的。

例如，使用50mL滴定管进行滴定，滴定管的最小刻度为0.1mL，所测得的体积读数记录为25.66mL，这表示前三位数字是准确的，只有第四位数是估读出来的，属于可疑数字。因此，这四位数字都是有效数字，它不仅表示滴定的体积读数在25.65～25.67mL之间，而且说明了体积计量的精度为±0.01mL。

2.2.1 有效数字的位数

在确定有效数字位数时，首先，应注意数"0"的意义。

例如，NaOH溶液的浓度记录为$c_{NaOH}=0.1080 mol·L^{-1}$，表明该NaOH溶液的浓度有$±0.0001 mol·L^{-1}$的绝对误差，有效数字为四位。最后面的"0"作为普通数字使用，因此是有效数字；中间的"0"也作为普通数字使用，也是有效数字；最前面的"0"则不是有效数字，它只起定位的作用。这一浓度也可以记成$1.080×10^{-1} mol·L^{-1}$，这样的表示可以帮助读者更好地理解上述3种位于不同位置的"0"的意义。

其次，有效数字的位数应与测量仪器的精度相对应。例如，如果在滴定中使用了50mL滴定管，由于它可以读至±0.01mL，故记录的数据就必须而且只能记到小数点后第二位。

又如，一般分析天平称量的绝对误差为±0.0001g。假如用此分析天平称取试样的质量，记录为1.5182g，为五位有效数字，其最后的一位数字是可疑的，表示试样的真实质量在1.5181～1.5183g之间，称量的绝对误差为±0.0001g，这与分析者在称量时所用分析天平的精度是相符合的。如若记录为1.518g，为四位有效数字，其最后一位数字是可疑的，表示试样的真实质量为1.517～1.519g，称量的绝对误差为±0.001g，这样的记录与分析者在称量时所用分析天平的精度显然是不符合的。

第三，在化学计算中常常会遇到一些分数和倍数关系，由于它们都是自然数，并非由测量所得，因此应该把它们看成足够有效，即有无限位有效数字。

第四，化学中常遇到pH、pM、lgK等对数值，它们的有效数字的位数仅取决于其小数部分的位数，整数部分只说明该数的方次。例如pH=11.02，只有两位有效数字，不是四位，这是因为$[H^+]=9.5×10^{-12} mol·L^{-1}$。

像3600这样的数据，其有效数字位数不确定，因为末位的"0"是否是有效数字不明。故最好是以10的指数形式表示。例如，表示为$3.6×10^3$或$3.600×10^3$，分别为两位或四位有效数字。

2.2.2 有效数字的修约规则

一般实验中各种测量得到的数据大多是被用来计算实验结果的，而每种测量数据的误差都会传递到结果中去。因此,我们必须运用有效数字的修约规则进行修约,做到合理取舍,既不无原则地保留过多位数使计算复杂化,也不随意舍弃任何尾数而使结果的准确度受到影响。

舍去多余数字的过程称为数字修约过程,目前所遵循的数字修约规则多采用"四舍六入五成双"规则。例如,2.1424、2.2156、3.6235、5.6245 等修约成四位有效数字时,应分别为 2.142、2.216、3.624、5.624。

2.2.3 有效数字的运算规则

(1) 加减法

当测定结果是几个测量数据相加或相减时,所保留的有效数字的位数取决于小数点后位数最少的那个,即绝对误差最大的那个数据。例如,将 0.0121、25.64 及 1.05782 三个数据相加,由于每个数据的最末一位都是可疑的,其中 25.64 在小数点后第二位就不准确了,即从小数点后第二位开始即使与准确的有效数字相加,所得出来的数字也不会准确了。因此,可先按照修约规则修约后再进行运算,各数据以及计算结果都取小数点后第二位,这样,计算结果应为 0.01+25.64+1.06=26.71。其绝对误差为 ±0.01,与各数据中绝对误差最大的 25.64 相近。如果直接运算得到 26.70992 是不正确的。

(2) 乘除法

当测定结果是几个测量数据相乘或相除时,所保留的有效数字的位数取决于有效数字位数最少的那个,即相对误差最大的那个数据。例如,进行下式的运算时:

$0.0325 \times 5.103 \times 60.06 / 139.8 =$

各数据　0.0325：±0.0001/0.0325=±3‰

　　　　5.103：±0.2‰

　　　　60.06：±0.2‰

　　　　139.8：±0.7‰

可见,四个数据中,相对误差最大、即准确度最差的是 0.0325,是三位有效数字,因此计算结果也应取三位有效数字。为此,在进行运算前可先修约成三位有效数字然后再运算,得到 0.0712。如果把不修约就直接乘除运算得到的 0.0712504 作为答案就不对了,因为 0.0712504 的相对误差为 ±0.001‰,而在本例的测量中根本没有达到如此高的准确程度。

在进行有效数字运算时,还应注意下列几点。

① 在物质组成的测定中,组分含量大于 10% 的测定,结果一般保留四位有效数字;组分含量 1%~10% 的测定,结果一般保留三位有效数字;组分含量小于 1% 的测定,则结果通常保留两位有效数字。

② 大多数情况下,表示误差时取一位数字即可,最多取两位。

2.3 实验数据的处理

一般在表示测定结果之前,首先要对所测得的一组数据进行整理,排除有明显过失的测定值,再对有怀疑但又没有确凿证据的、与大多数测定值差距较大的测定值,采取数理统计的方法决定取舍,最后进行统计处理。

2.3.1 测定结果的表示

(1) 算术平均值

算术平均值简称为平均值，以 $\bar{x}$ 表示：

$$\bar{x} = \frac{1}{n}\sum_{i=1}^{n} x_i \tag{2.7}$$

(2) 中位数

将数据按大小顺序排列，位于正中的数据称为中位数。当 n 为奇数时，居中者即是中位数；而当 n 为偶数时，正中两个数的平均值为中位数。

在一般情况下，数据的集中趋势以第一种方法表示较好。只有在测定次数较少，又有大误差出现或是数据的取舍难以确定时，才以中位数表示。

(3) 样本标准差

样本标准差简称为标准差，以 S 表示。用统计方法处理数据时，广泛用标准差衡量数据的分散程度。在分析化学中，一般只做有限次的测定，根据概率可以导出在有限次测定时的样本标准差 S 的数学表达式：

$$S = \sqrt{\frac{\sum_{i=1}^{n}(x_i - \bar{x})^2}{n-1}} \tag{2.8}$$

式中，$n-1$ 称为偏差的自由度，以 f 表示。它是指能用于计算一组测定值分散程度的独立变数的数目。例如，在不知道真值的场合，如果只进行一次测定，$n=1$，则 $f=0$，表示不可能计算测定值的分散程度。显然，只有进行2次以上的测定，才有可能计算数据的分散程度。

(4) 变异系数

单次测量结果的相对标准差称为变异系数（variation coefficient），以 CV 表示：

$$CV(相对标准偏差) = \frac{S}{\bar{x}} \tag{2.9}$$

计算标准偏差时，可以按照上述公式，先后求出 $\bar{x}$、d_i 和 $\sum d_i^2$，然后计算出 S 和 CV。样本标准差与变异系数这两种表示数据分散程度的方法应用较广，特别是在样本较大的场合。

(5) 极差与相对极差

极差又称为全距（range），以 R 表示：

$$R = X_{\max} - X_{\min} \tag{2.10}$$

式中，$X_{\max}$ 表示测定值中的最大值；$X_{\min}$ 则表示测定值中的最小值。

$$相对极差 = R/\bar{x} \tag{2.11}$$

(6) 平均偏差与相对平均偏差

$$\bar{d}(平均偏差) = \frac{|d_1| + |d_2| + \cdots + |d_n|}{n} = \frac{\sum_{i=1}^{n}|x_i - \bar{x}|}{n}$$

$$相对平均偏差 = \frac{\bar{d}}{\bar{x}}$$

如果我们做多次平行分析，也就是多样本测定，就会得到一组平均值 $\bar{x}_1, \bar{x}_2, \bar{x}_3, \cdots$，这时就应采用平均值的标准差来衡量这组平均值的分散程度。显然，平均值的精密度比单次测定的精密度要高。

(7) 平均值的标准差

平均值的标准差用 $S_{\bar{x}}$ 表示。统计学上可以证明，对有限次测定

$$S_{\bar{x}} = \frac{S}{\sqrt{n}} \tag{2.12}$$

从以上的关系可以看出，平均值的标准差 $S_{\bar{x}}$ 与测定次数的平方根成反比，即 $S_{\bar{x}}/S = 1/\sqrt{n}$。增加测定次数，可以提高测定结果的精密度，但是实际上增加测定次数所取得的效果是有限的。开始时 $S_{\bar{x}}/S$ 随 n 的增加而很快减小；但在 $n > 5$ 以后的变化就慢了；而当 $n > 10$ 时，变化也很小。这说明在实际工作中，一般测定次数无需过多，3～4 次已足够了。对要求高的分析，可测定 5～9 次。

报告分析结果时，要体现出数据的集中趋势和分散情况，一般只需报告下列三项数值，就可进一步对总体平均值可能存在的区间作出估计。

① 测定次数 n；

② 平均值 $\bar{x}$，表示集中趋势（衡量准确度）；

③ 标准偏差 S，表示分散性（衡量精密度）。

2.3.2 可疑数据的取舍——Q 检验法

在一组平行测定值中，人们往往会发现其中某个或某几个测定值明显比其他测定值大得多或者小得多。这些离群的数据又没有明显的引起过失的原因。这种偏离较大的数据称为可疑值或离群值等。对可疑值的取舍必须采用 Q 检验法、四倍法、格鲁布斯（Grubbs）法等统计的方法加以判断。本书介绍一种简便方法——Q 检验法。

Q 检验法按下列步骤检验。

① 将测定值（包括可疑值）由小到大排列，即 $x_1 < x_2 < \cdots < x_n$。

② 计算 Q 值。若 x_n 为可疑值，则：

$$Q_{\text{计算}} = \frac{x_n - x_{n-1}}{x_n - x_1}$$

若 x_1 为可疑值，则：

$$Q_{\text{计算}} = \frac{x_2 - x_1}{x_n - x_1}$$

$Q_{\text{计算}}$ 越大，说明可疑值离群越远，至一定界限时即应舍去。

③ 根据测定次数 n 和所要求的置信度 P，查 Q 值表（表 2.1）。

④ 如果 $Q_{\text{计算}} > Q_{\text{表}}$，则舍去可疑值，否则就应保留该可疑值。

表 2.1　Q 值表

测定次数 n	置信度（P）		
	90%	95%	99%
3	0.94	0.98	0.99
4	0.76	0.85	0.93

续表

测定次数 n	置信度(P)		
	90%	95%	99%
5	0.64	0.73	0.82
6	0.56	0.64	0.74
7	0.51	0.59	0.68
8	0.47	0.54	0.63
9	0.44	0.51	0.60
10	0.41	0.48	0.57

如果一组数据中不止一个可疑值，仍然可以参照以上步骤逐一进行处理。但这种情况下最好采用格鲁布斯法。

对可疑数据的处理一般分以下几步。

① 尽可能从各方面查找原因，如是过失造成自然不必保留。

② 如没有明显的过失原因，一般就采用 Q 检验法判断。如果判断该可疑值不能舍去，此数据就必须参与数据处理。

③ 如果 $Q_{计算}$ 与 $Q_{表}$ 值相近，可疑值又无法舍弃时，一般可采用中位数报告结果；对要求较高的分析，则最好再测定一次或两次，然后再进行处理。

2.4 实验报告格式

实验报告应包括实验名称、实验目的、基本原理、主要试剂的用量及规格、实验步骤、现象、反应式、产率计算、讨论等。填写报告时，字迹要工整，文字要精练，图要准确。不同类型的实验，其报告的要求也不一样。下面列举几种有机化学实验报告的格式。

性质实验报告示例

（一）实验目的

（二）实验内容

名称	实验步骤	现象	解释
酸性试验	1mL H_2O 加 1 滴酚酞 加 1 滴 1% NaOH $\xrightarrow{+}$ 95%乙醇 1 滴 / 90%苯酚 1 滴	红色不褪 红色褪去	乙醇酸性比 H_2O 弱，苯酚酸性比水强 $PhOH + NaOH \longrightarrow PhONa + H_2O$
Lucas 试剂反应	正丁醇 仲丁醇各 2 滴 $\xrightarrow{5 \text{ 滴 Lucas 试剂}}$ 叔丁醇	加热 50~60℃ 浑浊 静置 10min 浑浊 立即浑浊	$ROH \xrightarrow{ZnCl_2} RCl + H_2O$ 反应速度：叔醇＞仲醇＞伯醇

（三）问题与讨论

基本操作实验报告示例

（一）实验目的

（二）基本原理及用途

（三）仪器装置图

（四）实验步骤

（五）实验结果

（六）问题及讨论

合成实验报告示例

（一）实验目的

1. 了解由醇制备溴代烷的原理及方法。
2. 初步掌握回流及气体吸收装置和分液漏斗的使用。

（二）反应式和主要副反应

主反应：

$$NaBr + H_2SO_4 \longrightarrow HBr + NaHSO_4$$

$$n\text{-}C_4H_9OH + HBr \xrightleftharpoons{H_2SO_4} n\text{-}C_4H_9Br + H_2O$$

副反应：

$$CH_3CH_2CH_2CH_2OH \xrightarrow[\triangle]{H_2SO_4} CH_3CH_2CH = CH_2 + H_2O$$

$$2CH_3CH_2CH_2CH_2OH \xrightarrow[\triangle]{\text{浓 } H_2SO_4} (CH_3CH_2CH_2CH_2)_2O + H_2O$$

$$2HBr + H_2SO_4 \longrightarrow Br_2 + SO_2 + 2H_2O$$

（三）主要试剂用量与规格

正丁醇（C.P.）：15g（9.3mL）；硫酸（C.P.）：14.5mL；溴化钠：12.5g（0.12mol）。

（四）主要原料及产物的物理常数

试剂	分子量 /g·mol^{-1}	性状	折射率	相对密度	熔点/℃	沸点/℃	溶解度/g·(100mL 溶剂)$^{-1}$		
							水	醇	醚
正丁醇	74.1	无色透明液体	1.3993	0.8099	−89.5	17.7	7.92	溶	溶
正溴丁烷	137.0	无色透明液体	1.4398	1.2990	−112.4	101.6	不溶	溶	溶

（五）反应装置图

（六）实验步骤及现象记录

步　骤	现　象
(1)于 100mL 圆底烧瓶中加入 10mL 水、14.5mL 浓硫酸，振摇冷却	放热，烧瓶烫手
(2)加 9.3mL 的 $n\text{-}C_4H_9OH$ 及 12.5g NaBr 振摇，加沸石 2～3 颗	不分层，有许多 NaBr 未溶，瓶中出现白雾状 HBr
(3)装冷凝管、HBr 吸收装置，电热套加热回流 1h	沸腾，瓶中白雾状 HBr 增多，并从冷凝管上升，为气体吸收装置吸收；瓶中液体由一层变为三层，上层开始极薄，中层为橙黄色，上层越来越厚，中层越来越薄，最后消失；上层颜色由淡黄→橙黄色
(4)稍冷，改为蒸馏装置，加沸石，蒸出 $n\text{-}C_4H_9Br$	馏出液混浊，分层，瓶中上层越来越少，最后消失，消失后过片刻停止蒸馏，蒸馏瓶冷却，析出无色透明结晶（$NaHSO_4$）
(5)粗产物用 10mL 水洗，在干燥的分液漏斗中用 5mL 浓 H_2SO_4 洗、10mL 水洗、10mL 饱和 $NaHCO_3$ 洗	产物在下层；加一滴浓 H_2SO_4 沉至下层，证明产物在上层；两层交界处有些絮状物

续表

步　骤	现　象
(6)粗产物置于 50mL 锥形瓶,加 1g 无水 $CaCl_2$ 干燥	粗产物有些浑浊,稍摇,透明
(7)产物滤入 50mL 蒸馏瓶中,加沸石,蒸馏收集 99～103℃馏分	99℃以前馏出液体很少,长时间稳定于 101～102℃;后升至 103℃,温度下降,瓶中液体很少,停止蒸馏
产物外观,质量	无色液体,瓶重 15.5g,共重 24.5g,产物重 9g

（七）产率的计算

因溴化钠过量,理论产量应按正丁醇计算。

0.1mol 正溴丁烷,即 13.7g,其产率为:

$$产率 = \frac{实际产量}{理论产量} \times 100\% = \frac{9g}{13.7g} \times 100\% = 66\%$$

（八）讨论

第3章 化学实验基本操作

3.1 常用仪器的洗涤与干燥

3.1.1 常用仪器的洗涤

化学实验中经常使用玻璃仪器和瓷器，要养成仪器用毕立即清洗干净的习惯。洗涤方法应根据实验的要求、污物的性质、沾污程度来选用，常用洗涤方法如下所述。

(1) 冲洗

可溶性污物可用水冲洗，利用水把可溶性污物溶解除去。为加速溶解，必须振荡。向仪器中注入少量（不超过容量的1/3）的水，稍用力振荡（如图3.1所示）后，把水倾出，如此反复冲洗数次。

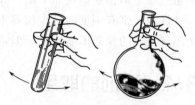

图 3.1 仪器洗涤振荡

(2) 刷洗

内壁附有不易冲洗掉的物质，可用水和毛刷刷洗，利用毛刷对器壁的摩擦使污物去掉。

(3) 试剂洗涤

最常用的是用毛刷蘸取肥皂液或合成洗涤剂来刷洗，除去油污或一些有机污物，也可用热的碱液洗。当对仪器的清洁程度要求高或所用仪器形状特殊时，可用少量铬酸洗液洗涤——向仪器内注入少量洗液，使仪器倾斜并慢慢转动，让仪器内壁全部被洗液湿润；再转动仪器，使洗液在内壁流动，经流动几圈后，把洗液倒回原瓶（所用铬酸洗液变成暗绿色后，需再生才能使用）。对沾污严重的仪器可用洗液浸泡一段时间或用热铬酸洗液进行洗涤，效果更好。倾出洗液后，再加水刷洗或冲洗。注意不能将毛刷放入洗液中。铬酸洗液具有强酸性、强氧化性，使用时要特别小心。另外，还可以根据污物的性质选用浓盐酸、氢氧化钠-高锰酸钾洗液、氨水、王水（浓盐酸：浓硝酸体积比1∶3）等适当试剂进行洗涤。

洗净的仪器再用少量清水涮洗数次，必要时用少量蒸馏水洗2~3次。对仪器洁净程度要求不高时，只要刷洗干净，不必要求不挂水珠、也不必用蒸馏水荡洗。凡是已洗净的仪器内壁，绝不能再用布（或纸）去擦拭。否则，布（或纸）的纤维将会留在器壁上反而沾污仪器。

铬酸洗液的配制：将 4g 粗重铬酸钾研细，溶解在 100mL 温热的浓硫酸中，即得。

氢氧化钠-高锰酸钾洗液的配制：将 4g 粗高锰酸钾溶于水中，再加入 100mL 10％氢氧化钠溶液，即得。

3.1.2 常用仪器的干燥

洗净的仪器如需干燥，可采用以下方法。

(1) 晾干
倒置在干净的仪器柜内、格栅板上或搪瓷盘中，让其自然挥发干燥。

(2) 烤干
一些可加热（或耐高温）的仪器，如试管、烧杯、蒸发皿等，外壁擦干，用小火烤。烧杯、蒸发皿等可放在石棉网上，试管应用试管夹或坩埚钳夹住并使管口低于管底，转动使其受热均匀，直至烤干。

(3) 烘干
将洗净的仪器尽量倒干水后，使仪器口朝下（倒置后不稳的仪器则平放），放入电热干燥箱（烘箱）内的隔板上，并在烘箱的最下层放一搪瓷盘，关好门，将箱内温度控制在 105℃，恒温约半小时，即可。还可用气流烘干器烘干。

(4) 用有机溶剂干燥
将仪器洗净后倒置控水，注入少量（3～5mL）能与水互溶且挥发性较大的有机溶剂（常用无水乙醇、丙酮），转动仪器使溶剂在内壁流动，待内壁全部浸湿倾出溶剂（应回收），少量残留溶剂很快挥发而干燥。如用电吹风向仪器中吹风，则干得更快。

注意：带有刻度的计量仪器不能用加热的方法进行干燥，因为这会影响仪器的精度。对于厚壁瓷质的仪器不能烤干，但可烘干。

3.2 试剂的取用

取用试剂前，应看清标签。取用时，先打开瓶塞，将瓶塞倒放在实验台上。如果瓶塞顶不是扁平的，可用食指和中指将瓶塞夹住（或放在清洁的表面皿上），绝不可将它横置于桌上。不能用手接触化学试剂，应使用药匙根据需要取用试剂，不必多取，这样既能节约药品，又能取得好的实验结果。用完试剂后，一定要把瓶塞盖严，绝不允许将瓶塞"张冠李戴"。然后把试剂瓶放回原处，以保持实验台整齐干净。

3.2.1 固体试剂的取用

① 要用清洁、干燥的药匙取试剂。药匙的两端为大、小两个匙，分别用于取大量固体和取少量固体。用过的药匙必须洗净晾干存放在干净的器皿中。

② 注意不要多取，多取的药品不能倒回原装瓶中，可放在指定的容器中以供它用。

③ 要求取用一定质量的固体试剂时，应把固体放在称量纸上称量。具有腐蚀性或易潮解的固体必须放在表面皿上或玻璃容器内称量。

④ 往试管（特别是湿试管）中加入粉状固体试剂（如二氧化锰、硫黄粉等）时，可平持试管，用药匙或纸片对折成的纸槽，将药品送入试管约 2/3 处，再竖立试管，轻敲纸槽，

药品即可落到管底。

⑤ 加入块状固体时，应将试管倾斜，使其沿管壁慢慢滑下，不得垂直悬空投入，以免击破管底。

⑥ 固体的颗粒较大时，可在洁净且干燥的研钵中研碎后再取用。

⑦ 有毒的药品要在详细了解的情况下，在教师指导下取用。

3.2.2 液体试剂的取用

① 从试剂瓶中取用试剂时，先取出瓶塞倒放于桌上，右手握住瓶子，使试剂瓶上的标签握在手心中，倾斜瓶子，让试剂沿着洁净的容器壁缓慢流入。若所用容器为烧杯，则倾注时用玻璃棒引入（如图 3.2 所示）。取出所需量后，应将试剂瓶口在容器上靠一下，再逐渐竖起试剂瓶，以免遗留在瓶口的液滴流到瓶的外壁。用完后即盖上瓶盖。

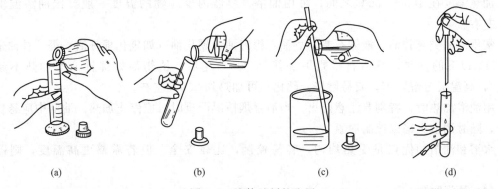

图 3.2 液体试剂的取用

② 从滴瓶中取用少量试剂时，应提起滴管，使管口离开液面。用手指紧捏滴管上部的橡皮胶头，以赶出滴管中的空气，然后把滴管伸入试剂瓶中，放松手指，吸入试剂。再提起滴管，垂直地放在试管口或烧杯的上方将试剂逐滴滴入。滴加试剂时，滴管要垂直，以保证滴加体积的准确。滴加试剂时绝对禁止将滴管伸入试管中，滴瓶上的滴管只能专用，不能搞错。使用时，应保持橡皮胶头在上，不能平放或斜放。

③ 量筒常用于量取一定体积的液体，可根据需要选用不同容量的量筒。量取时，使视线与量筒内液面的最低处保持水平，偏高或偏低都会使读数不准而造成较大的误差。

在基础化学实验中对于试剂的用量有时要求不是很准确，估量即可。用滴管取用时一般滴管滴出 20~25 滴为 1mL。在 10mL 的试管中倒入约占其体积 1/3 的试液约 3mL。不同的滴管，每滴的体积也不同。可用滴管将液体（如水）滴入干燥的量筒，测量滴至 1mL 时的滴数，即可求算出 1 滴液体的体积（mL）。

加入反应容器中的所有液体的总体积不超过总容量的 2/3，若用试管不能超过总容量的 1/2。

3.3 加热与冷却

3.3.1 加热

(1) 直接加热

使盛在容器中的物料直接从热源得到热量的加热方法，叫做直接加热。实验室常用的加热器皿有试管、烧杯、烧瓶、蒸发皿、坩埚等，这些器皿能承受一定的温度但不能骤冷骤热，加热前必须将器皿外壁的水擦干。如果物料盛在玻璃容器如烧杯、烧瓶等中，则需在热源与容器之间加石棉网并不断搅拌，以保护容器。

直接加热的优点是升温快，热度高；缺点是器皿受热不均匀，温度不易控制，容器（特别是玻璃容器）容易破裂，物料也可能由于局部过热而分解。

减压蒸馏或加热低沸点和易燃物料，都不宜用直接加热。

（2）水浴加热

加热温度在80℃以下时，可将容器浸入水浴中（注意：勿使容器触及水浴底部，水量经常保持在总容量的2/3左右）小心加热，以保持所需之温度。如果需要加热到100℃时，可用沸水浴和蒸汽浴。

（3）油浴加热

加热温度在100～250℃之间，可用油浴。容器内反应物的温度一般要比油浴温度低20℃左右。

常用的油类有甘油、液体石蜡、豆油、棉籽油、硬化油（如氢化棉籽油）等。甘油适合于150℃以下的加热，液体石蜡则可加热到200℃左右，植物油如棉籽油等加热不超过220℃，高温会分解冒烟，或易燃烧。硬化油可加热到250℃左右。

用油浴加热时，特别要注意防火。当油冒烟情况严重时，应停止加热。油浴中应悬挂温度计，随时调节火焰以控制油温。

水浴和油浴的优点是受热均匀，容易控制，比较安全。但若需要更高温度，则需要沙浴。

（4）沙浴加热

沙浴可加热到350℃。将清洁而又干燥的细沙平铺在铁盘上，盛有液体的容器埋入沙中，容器底部的沙层要薄一点，便于容器受热，容器周围的沙要厚一点，使热不易散失。沙浴的缺点是沙对热的传导能力较差，温度分布不均匀，散热较快，不易控制。

（5）电加热套加热

电加热套可以提供100℃以上的温度。它由嵌有电热线圈的纤维毯子所组成。这种毯子可以密切地贴合在烧瓶的周围，因而加热较为均匀，加热的温度由可调变压器控制。电加热套加热迅速、使用安全。但必须注意不可用来加热空烧瓶，否则会烧坏加热套。

实验室常用的电加热器有封闭式电炉、电热套、管式炉、马弗炉、微波炉。调节加热温度的高低一般可通过调节外电阻或外电压来控制。

电热套主要用于蒸馏瓶、圆底烧瓶等加热，因其保温性能好，热效高。一般规格是与烧瓶的容积相匹配的。

管式炉和马弗炉主要用于高温加热，最高可达1000～1250℃。

加热液体时，无论采用何种加热方法，如果液体中不存在空气，容器壁又光滑洁净，就很难形成汽化中心，这样，即使液体的温度超过沸点也难沸腾，会产生过热现象。过热液体一旦沸腾，大量的气泡便会剧烈冲出，此即"暴沸"。因此，在蒸馏或回流加热时，都应在液体中加入少许沸石，沸石的作用就是防止暴沸。沸石是一种多孔性材料，受热时，便会从沸石孔隙中产生一连串小气泡，形成许多汽化中心，使液体均匀沸腾。

使用沸石时应注意以下几项。

① 先投沸石，后加液体。切忌在加热过程中添加沸石，否则会由于沸石急剧地释放出

大量的气泡而引起暴沸，使液体冲出容器。

② 一旦中途停止加热，液体就会进入沸石空隙，使其失去防止暴沸作用，因此须重新添加沸石。

③ 在搅拌下的加热不必加沸石，因搅拌器起到像沸石那样的作用。一端封口的毛细管、短玻璃管、不规则的碎陶瓷片等，有时也可以代替沸石使用。

3.3.2 冷却

有的反应必须在低温下进行，有些操作需要除去过剩的热量，蒸馏时要使蒸气冷凝，重结晶要使固体溶质析出。在诸如此类的情况下，都要进行冷却操作。

除自然冷却外，最常用的冷却剂是水。将水通入冷凝管外套和把盛有反应物的容器浸在冷水中等方法，都可达到冷却的目的，但这种冷却只能将物体冷到室温。若需冷却到室温以下，则可用冰或冰水。若需冷到2℃以下，则可用食盐与碎冰的混合物。若需要更低的温度（如＜－10℃）则需使用特殊的冷却剂。冰屑和一些试剂的混合物，常可在短时间内达到很低的温度，常见的冰盐冷却剂见表3.1。

表 3.1 冰盐冷却剂

盐类	100g冰屑中加入盐的质量/g	混合物能达到的最低温度/℃
NH_4Cl	25	－15
$NaNO_3$	50	－18
$CaCl_2 \cdot 6H_2O$	100	－29
$CaCl_2 \cdot 6H_2O$	143	－55
NaCl	33	－21

3.4 量器及其使用

3.4.1 滴定管及滴定操作

3.4.1.1 滴定管使用前的准备

(1) 酸式滴定管与碱式滴定管的使用准备

酸式滴定管，旋塞加橡皮圈；碱式滴定管加滴头（橡皮管、玻璃珠及尖嘴玻璃管，橡皮管中的玻璃珠应大小合适）。

(2) 试漏

装水至零刻度线，并放置 2min，看是否漏水。对酸式滴定管，看活塞两端是否有水，2min 后，旋转活塞 180°，再看活塞两端是否有水。如果发现漏水，酸式滴定管则应该涂凡士林，碱式滴定管则应换玻璃珠或橡皮管。

(3) 洗涤

① 当滴定管没有明显污染时，可直接用自来水冲洗或用没有损坏的软毛刷蘸洗涤剂水溶液刷洗（不可用去污粉）。

② 当用洗涤剂洗不干净时，可用 5～10mL 铬酸洗液润洗。对酸式滴定管，先关闭活塞，倒入洗液后，一手拿住滴定管上端无刻度部分，另一手拿住活塞下端无刻度部分，边转

动边向管口倾斜，使洗液布满全管；反复转动2~3次。对碱式滴定管，先取下尖嘴玻璃管和橡皮管，接上一小段塞有玻璃棒的橡皮管，再按酸式滴定管的洗涤方法洗涤，然后将洗液放回原烧杯中。

使用过的洗液回收到原盛洗液的试剂瓶中。沾有残余洗液的滴定管，用少量的自来水洗后倒入废液缸中，再用大量自来水冲洗，随后用蒸馏水（每次5~10mL）润洗3次即可使用。

(4) 酸式滴定管的旋塞涂油

当滴定管旋塞转动不灵活或漏水时，旋塞应该涂油（凡士林）。先取下旋塞上的小橡皮圈，取下旋塞，用软布或软纸将旋塞擦拭干净，再用软布或软纸卷成小卷，插入旋塞槽，来回擦拭，以使内壁擦拭干净。

用手指粘少量凡士林擦在旋塞的两头，沿四周各涂一薄层；使旋塞孔与滴定管平行并将旋塞插入旋塞槽中，然后向同一方向转动旋塞，直到全部透明为止（见图3.3），并套上小橡皮圈。套橡皮圈时，应该将滴定管放在台面上，一手顶住旋塞大头，一手套橡皮圈，以免旋塞顶出。

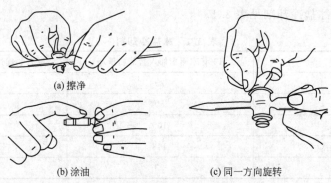

图3.3 酸式滴定管的旋塞涂油

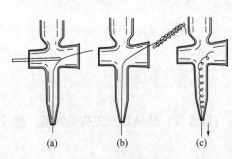

图3.4 堵塞物清除

若旋塞仍转动不灵活或有纹路，表明涂油不够；若有油从缝挤出，表明涂油太多。遇到这种情况，必须重新涂油。如发现旋塞孔或出水口被凡士林堵塞，必须清除。如果旋塞孔堵塞，可以取下旋塞，用细铜丝通出；如果是出水口堵塞，则用水充满全管，并将出水口浸入热水中，片刻后打开活塞，使管内的水突然冲下，将熔化的油带出。若这样还不能解决，则可用有机溶剂（四氯化碳）浸溶。若还不能解决，则用导线的细铜丝，如图3.4所示的操作，将堵塞物带出，操作应十分小心，应轻轻转动。

3.4.1.2 滴定管的使用及滴定操作

(1) 操作溶液的装入

① 用操作溶液润洗　使用前，用操作溶液润洗3次，每次用液5~10mL。润洗方法同洗涤液洗涤。

② 操作液的装入　摇匀操作液，一手拿住滴定管上端无刻度部分，一手拿住试剂瓶，将试剂瓶口对准滴定管上口，倾斜试剂瓶将溶液倒入滴定管中（直接加入溶液，不可借助其他器皿），直到溶液达到零刻度线上2~3mL为止；等待30s后，打开活塞使溶液充满滴定

管尖，并排除气泡，随后调至零刻度处。

(2) 滴定管的读数

① 取下滴定管，用食指和拇指捏住管上端无刻度处，让滴定管自然下垂，保持垂直。使管内液面与视线处于同一水平线，然后读数。

② 读数时注意有效数字，须读准到小数点后两位；记录时须保留有效数字的位数，小数点后无数字时，加零。例如 24.00mL 不能记为 24mL；24.50mL 不能记为 24.5mL。

③ 浅色溶液读弯月面下边 [图 3.5(a)]；深色溶液读弯月面的上边 [图 3.5(c)]；带蓝线的滴定管，无色溶液在其中形成两个弯月面且它们相交于蓝线的某一点，读数时视线应与交点在同一水平线上 [图 3.5(b)]。

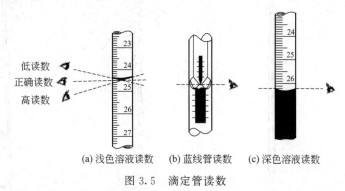

图 3.5 滴定管读数

(3) 滴定管的操作

滴定管在铁架台上的高度，以方便操作为准。滴定管尖一般插入锥形瓶口内 1cm 左右为好。用右手摇锥形瓶（朝同一方向做圆周运动）或用玻璃棒搅拌烧杯中的溶液，用左手控制酸式滴定管旋塞或碱式滴定管玻璃珠，见图 3.6；拇指、食指、中指向内扣住活塞，手心空握，不能推，应该轻轻向手心拉住；先快滴，后慢滴。近终点时的半滴溶液，轻靠锥形瓶内壁，而后用洗瓶吹洗下去。平行测定时，应该重新充满溶液，使用滴定管相同的一段。须熟练掌握逐滴滴加、加一滴、加半滴三种加液方法。

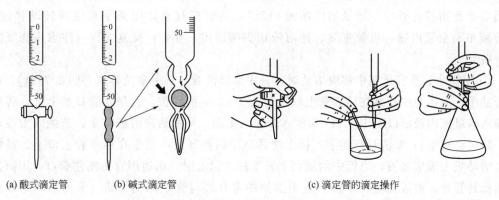

图 3.6 酸式滴定管、碱式滴定管及其滴定操作

3.4.2 移液管、吸量管及其使用

(1) 移液管和吸量管

移液管和吸量管都是用来准确移取一定量溶液的量器。移液管是一根细长而中间膨大的

玻璃管，在管的上端有一环型标线，膨大部分标有使用体积和标定时的温度［图3.7(a)］。常用的移液管有多种规格，如2mL、5mL、10mL、25mL、50mL等。当吸入溶液至其弯月面的最低点与标线相切后，使移液管垂直，让溶液自然流出，此时放出溶液的体积等于移液管上所标体积，移液管尖端吸留的一小部分溶液不必强制放出。

吸量管是具有分刻度的玻璃管［图3.7(b)］，主要用于移取所需的不同体积的溶液，常用的吸量管有1mL、2mL、5mL、10mL等规格。

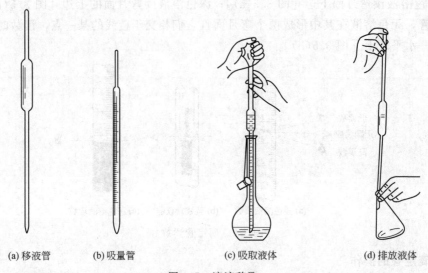

(a) 移液管　　(b) 吸量管　　(c) 吸取液体　　(d) 排放液体

图3.7　溶液移取

(2) 洗涤

移液管和吸量管的管口小，不能刷洗，应用铬酸洗液泡洗。其洗涤方法与滴定管相似，洗至内壁和外壁不挂水珠，并用蒸馏水润洗3次。

(3) 移取溶液

① 移取溶液之前，必须先用待移取的溶液润洗3次，方法是：吸取一定量溶液，立即用右手食指按住管口（尽量勿使溶液回流），将管横过来，用两手拿住并转动移液管，使溶液布满全管内壁，将管直立，使溶液由尖嘴放出，弃去；反复3次（注意用滤纸擦净外管壁）。

② 用移液管从容量瓶中移取溶液时，一手拿移液管，一手拿洗耳球［图3.7(c)］；拿移液管的手，拇指与中指拿住移液管上端距管口2~3cm的部位，食指在管口的上方，将移液管插入容量瓶内液面以下1~2cm深度（若插入太深，外壁沾带溶液较多；若插入太浅，液面下降时会吸空）；拿洗耳球的手，排出洗耳球中的空气后，紧靠在移液管上口上，慢慢松开，借助吸力吸取溶液，当管中的液面上升至标线以上时，迅速用食指按住管口，用拇指及中指捻转管身，使液面缓慢下降，直到溶液的弯月面与管颈标线相切（常称为调定零点），按紧食指，使溶液不再流出；用滤纸擦去管尖外壁的溶液，将移液管流液口靠着容器的内壁，松开食指使溶液沿器壁自由流下［图3.7(d)］，待下降的液面静止后，再等待15s，然后拿出移液管（注意：在调定零点和排放溶液的过程中，移液管都要保持垂直）。流液口内残留的一点溶液绝不可用外力使其被振出或吹出。

③ 移液管用完应放在管架上，不要随便放在实验台上，尤其要防止管颈下端被污染。

吸量管的使用方法与移液管大致相同。

使用吸量管时，通常是使液面从吸量管的最高刻度降低到另一刻度，两刻度之间的体积则恰好为所需的体积。这里要注意的是，平行移取溶液时，应使用同一吸量管的同一部位，而且尽可能使用上面部分。有时候要使吸量管中的溶液全部放出，这时候要注意吸量管上的标示，若上面标有"吹"字的，则要把流液口尖端的残留液吹出，否则，则应该让它留住。

3.4.3 容量瓶及其使用

容量瓶是用来准确配制一定体积溶液的量入式容器。它是一种细颈梨形的平底玻璃瓶，通常由无色或棕色玻璃制成，带有磨口玻璃塞，颈上有一标线。在指定温度下，当溶液充满至液面的弯月面与标线相切时，所容纳的溶液体积等于瓶上标示的体积。

容量瓶常用的规格有 10mL、25mL、50mL、100mL、250mL、500mL 及 1000mL 等。使用容量瓶时应注意以下几点。

(1) 检漏

加水至标线，盖上瓶塞后，一手用食指按住瓶塞，其余手指拿住瓶颈，一手用指尖托住瓶底边缘，来回颠倒 10 次（每次颠倒过程中要停留在倒置状态 10s 以上），不应有水渗出，可用滤纸片检查；将瓶塞旋转 180°再检查一次，合格后用皮筋将瓶塞和瓶颈上端拴在一起，一方面防止瓶塞摔碎或与其他瓶塞弄混，另一方面可避免瓶塞因放在实验台上而引起沾污。

(2) 洗涤

容量瓶洗涤与滴定管相同。尽可能只用水洗，必要时用铬酸洗液浸泡内壁，然后依次用自来水和纯水洗净，使内壁不挂水珠。

(3) 定量转入溶液

① 溶解物质　取物质（经准确称量或移取的基准试剂或被测试样）配制溶液时，应先在烧杯中溶解完全，溶解时玻璃棒不能碰烧杯壁，更不能用玻璃棒碾磨、压搅。

② 定量转移　若所配溶液需要定容时，应将溶液"定量转移"至容量瓶中，其操作方法如图 3.8(a) 所示。一手将玻璃棒悬空插入容量瓶内约 2~3cm，一手拿烧杯，烧杯嘴紧靠玻璃棒，倾斜烧杯，使溶液沿玻璃棒慢慢流入，玻璃棒的下端要靠紧瓶颈内壁，注意玻璃棒不要与瓶口接触，以免溶液溢出。待溶液流完后，将烧杯嘴紧靠玻璃棒，把烧杯沿玻璃棒向上提起，并使烧杯直立，使附着在烧杯嘴上的少许溶液流入烧杯，再将玻璃棒放回烧杯中，然后，用洗瓶吹洗玻璃棒和烧杯内壁，再将溶液按上述方法转移到容量瓶中。如此吹洗、转移重复数次，以保证定量转移完全。然后加纯水稀释，在稀释到接近瓶颈标线时，改用滴管加水，直到溶液的弯月面与标线相切为止，随即盖上瓶塞。一手捏住瓶颈上端，食指压住瓶塞，一手三指托住瓶底，如图 3.8(b) 所示，将容量瓶倒转并摇荡，以混匀溶液，再将容量瓶直立，如此重复 10 余次，可使溶液充分混匀。

托瓶手要尽量减少与瓶身的接触面积，以避免体温对溶液温度的影响。如用容量瓶来稀释溶液，则用移液管移取一定体积的溶液于容量瓶中，然后，再按前述方法稀释、混匀溶液。

(4) 存放

对容量瓶材质有腐蚀作用的溶液，尤其是碱性溶液，不可在容量瓶中久存，配好以后应

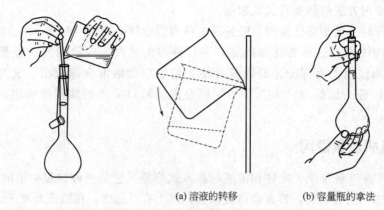

(a) 溶液的转移　　　(b) 容量瓶的拿法

图 3.8　溶液的转移及容量瓶的拿法

转移到其他容器中密闭存放。

3.5　试纸和滤纸的使用

3.5.1　试纸的使用

(1) 试纸的种类

试纸的种类很多,实验室中常用的有石蕊试纸、pH 试纸、醋酸铅试纸和碘化钾-淀粉试纸等。

① 石蕊试纸　石蕊试纸用于检验溶液的酸碱性,有红色石蕊试纸和蓝色石蕊试纸两种。红色石蕊试纸用于检验碱(遇碱变成蓝色),蓝色石蕊试纸用于检验酸(遇酸变成红色)。

② pH 试纸　pH 试纸用以检验溶液的 pH 值,一般有两类。一类是广泛 pH 试纸,变色范围在 pH=1～14,用来粗略检验溶液的 pH 值。另一类是精密 pH 试纸,这种试纸在 pH 值变化较小时就有颜色的变化,可用来较精密地检验溶液的 pH 值。精密 pH 试纸有很多种,如变色范围为 2.7～4.7、3.8～5.4、5.4～7.0、6.9～8.4、8.2～10.0、9.5～13.0 等。

③ 醋酸铅试纸　醋酸铅试纸用以定性地检验反应中是否有 H_2S 气体产生(即溶液中是否有 S^{2-} 存在)。试纸曾在醋酸铅溶液中浸泡过,使用时要先用蒸馏水润湿试纸。将待测溶液酸化,如有 S^{2-},则生成 H_2S 气体逸出,遇到试纸,即溶于试纸上的水中,然后与试纸上的醋酸铅反应,生成黑色的 PbS 沉淀,使试纸呈黑褐色并有金属光泽。有时试纸颜色较浅,但一定有金属光泽。

$$Pb(Ac)_2 + H_2S \Longrightarrow PbS\downarrow + 2HAc$$

若溶液中 S^{2-} 的浓度较小,用此试纸就不易检出。

这种试纸在实验室中可以自制,将滤纸条浸泡 3% 醋酸铅溶液后放在无 H_2S 气体处晾干即成。

④ 碘化钾-淀粉试纸　碘化钾-淀粉试纸用以定性地检验氧化性气体(如 Cl_2、Br_2 等),试纸曾在碘化钾-淀粉溶液中浸泡过。使用时要先用蒸馏水将试纸润湿,若氧化性气体溶于试纸上的水后,可将 I^- 氧化为 I_2,其反应为:

$$2I^- + Cl_2 \Longrightarrow I_2 + 2Cl^-$$

I_2 立即与试纸上的淀粉作用,使试纸变为蓝紫色。

要注意的是,如果氧化性气体的氧化性很强且气体又很浓,则有可能将 I_2 继续氧化成 IO_3^-,而使试纸又褪色,这时不要误认为试纸没有变色,以致得出错误的结论。

碘化钾-淀粉试纸的制备:把 3g 淀粉和 25mL 水搅和,倾入 225mL 沸水中,加入 1g 碘化钾和 1g 无水碳酸钠,再用水稀释至 500mL,将滤纸条浸泡后放在无氧化性气体处晾干,即得。

(2) 试纸的使用方法

使用 pH 试纸和石蕊试纸时,将一小块试纸放在干燥清洁的点滴板或表面皿上,用沾有待测溶液的玻璃棒点试纸的中部,试纸即被待测溶液润湿而变色。不要将待测溶液滴在试纸上,更不要将试纸泡在溶液中。pH 试纸变色后,要与标准色阶板比较,方能得出 pH 值或 pH 值范围。

使用醋酸铅试纸和碘化钾-淀粉试纸时,将用蒸馏水润湿的一小块试纸粘在玻璃棒的一端,然后用此玻璃棒将试纸放到管口,如有待测气体逸出则试纸变色。有时逸出气体较少,可将试纸伸进入管中,但要注意,勿使试纸接触溶液。

取出试纸后,应将装试纸的容器盖严,以免被实验室内的一些气体污染,致使试纸变质失效。

3.5.2 滤纸的选用

实验中常用的滤纸分为定量滤纸和定性滤纸两种,按过滤速度和分离性能的不同又可分为快速、中速和慢速三类。

定量滤纸的特点是灰分很低,以 ϕ125mm 定量滤纸为例,每张纸的质量约 1g,灼烧后其灰分的质量不超过 0.1mg(小于分析天平的感量),在重量分析实验中,可以忽略不计,所以通常又称为无灰滤纸。定量滤纸中其他杂质的含量也比定性滤纸低,故其价格则比定性滤纸高。晶型沉淀适宜用慢速滤纸、无定型沉淀适宜用中速滤纸、胶体适宜用快速滤纸。滤纸大小有尺寸(ϕ55mm、70mm、90mm、110mm、125mm、150mm),选用时应与漏斗尺寸相匹配。

3.6 固液分离

3.6.1 倾泻法

当沉淀的结晶颗粒较大或相对密度较大时,可用此法分离。

① 沉淀先静置、沉降,将上清液小心地沿玻璃棒慢慢倾入另一容器中。

② 往沉淀中加入少量洗涤液如蒸馏水,用玻璃棒充分搅动,静置、沉降、倾去洗涤液。这样重复 3~4 次,即可将沉淀洗净。

3.6.2 过滤法

(1) 常压过滤

① 滤纸的折叠:将圆形滤纸对折两次成扇形,放在漏斗中量一下,若比漏斗大,用剪刀剪成比漏斗的圆锥体边缘低 2~5mm 的扇形。将滤纸一折撕去一角(为扇形的 1/4~

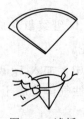

图 3.9 滤纸的折叠

1/3 高度，不要扔掉，后面擦拭要用），打开扇形成圆锥体（图 3.9），一边为三层（包含撕角的二层），一边为单层，放入漏斗中（标准漏斗的角度为 60°，这样滤纸可完全紧贴漏斗内壁。如果略大于或小于 60°，则可将滤纸第二次折叠的角度放大或缩小即可），用手按住滤纸，以少量水润湿四周，赶出气泡，使滤纸与漏斗内壁紧贴。

② 漏斗放在漏斗架上（或铁架台上合适的圆环上），不得用手拿着。漏斗下放清洁的接收器（通常是烧杯），而且漏斗颈长的一侧靠在下面接收器的内壁使滤液沿器壁流下以消除空气阻力，避免滤液溅失。调整漏斗的高度，使过滤过程的滤液液面低于漏斗颈的出口。

③ 过滤时，必须细心地沿着玻璃棒倾泻待过滤溶液，不得直接往漏斗中倒，如图 3.10 所示。引流的玻璃棒下端应靠近三层滤纸一边。每次倾入漏斗中的待过滤溶液低于滤纸高度的 2/3。玻璃棒要放回到烧杯中，不可随意放在实验台上，以免样品流失。

④ 过滤完毕，用少量蒸馏水冲洗玻璃棒和盛待过滤溶液的烧杯，用撕下的一小角滤纸擦拭玻璃棒和烧杯壁，将擦拭的滤纸放入漏斗中，最后用少量蒸馏水冲洗滤纸和沉淀。

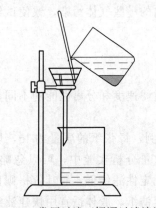

图 3.10 常压过滤（倾泻过滤溶液）

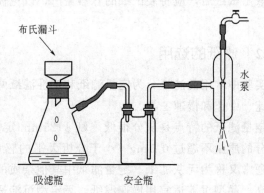

图 3.11 减压过滤装置

（2）减压过滤

减压过滤又称吸滤法过滤，其过滤仪器布氏漏斗又称吸滤漏斗。减压过滤装置如图 3.11 所示，此法不适用于胶状沉淀和颗粒太细的沉淀。

利用水泵中急速的水流不断将空气带走，从而使吸滤瓶内压力减小。当水的流量突然加大或又变小时或在滤完后不慎先关了水阀时，由于吸滤瓶内压力低于外界压力而使自来水溢入吸滤瓶，沾污滤液，此现象称为反吸现象。安全瓶的作用就在隔断吸滤瓶与水泵的直接联系。若不要滤液时，也可不接安全瓶。

减压过滤的操作过程及注意事项。

① 按图 3.11 所示接好装置。注意两点：一是安全瓶的长管接水泵，短管接吸滤瓶！二是布氏漏斗颈口的斜面对着吸滤瓶的支管，防止滤液被支管抽去。

② 将滤纸剪得比布氏漏斗内径略小一些，能盖住瓷板上全部小孔。用少量蒸馏水润湿滤纸，再开启水泵抽，使滤纸紧贴在瓷板上，此时才能开始过滤。

③ 应用倾泻法过滤，先将清液沿玻璃棒倒入漏斗，滤完后再将沉淀移入滤纸中间部分抽滤。

④ 当滤液液面接近于吸滤瓶支管的水平面时，应拔去吸滤瓶支管上的橡皮管，取下漏

斗，将滤液从吸滤瓶的上口倒出，安上漏斗，接好橡皮管，然后继续过滤。

⑤ 在抽滤过程中，不得突然关闭水泵。如欲取出滤液或停止抽滤，应先拔去吸滤瓶支管上的橡皮管，然后再关水泵。否则，水将倒灌进安全瓶。

⑥ 洗涤沉淀时，应停止抽滤，让少量洗涤液缓慢通过沉淀，然后再抽滤。

⑦ 为了尽量抽干沉淀，最后可用平顶的玻璃瓶塞挤压沉淀。

⑧ 滤干后，停止抽滤，将漏斗取下，颈口向上倒置，用塑料棒或木棒轻轻敲打漏斗边缘，或在颈口用洗耳球吹，可使沉淀脱离漏斗，落入预先准备好的滤纸上或容器中。

具有强酸性、强碱性或强氧化性溶液的过滤，若过滤后只需要留用溶液，则可用石棉纤维代替滤纸。将石棉纤维在水中浸泡一段时间，搅匀后倾入布氏漏斗内，减压，使它紧贴在漏斗底部且均匀无小孔。若过滤后留用的是沉淀，则用玻璃砂芯滤器代替布氏漏斗（强碱不适用）。

当需要除去热、浓溶液中的不溶性杂质，而又不能让溶质析出时，一般采用热过滤。过滤前把布氏漏斗放在水浴中预热，使热溶液在趁热过滤时，不会因冷却而在漏斗中析出溶质。

3.6.3 离心分离法

当少量溶液与沉淀分离时，用滤纸过滤，常发生沉淀粘在滤纸上，难以取下，一般采用离心分离法。

将悬浊液置于离心机中高速旋转，沉淀受离心力的作用，向圆周切线方向移动，聚集于离心管尖端，使溶液与沉淀分开。

实验室常用的离心机有手摇式、电动式及高速电动式离心机。

电动式离心机操作过程如下所述。

① 将待分离液装入离心管，打开离心机盖，检查塑料管（或金属管）底部是否填衬有橡胶块。若没有可用少许脱脂棉代替，但对称位置必须用脱脂棉代替橡胶块。插入离心管，若是单个离心管，必须在对称位置插入用水代替分离液的离心管，以保持离心机旋转时平衡，盖上离心机机盖。

② 启动时，一挡一挡慢慢地往上加速，绝不允许一下开到高速！

若为结晶形和致密沉淀，约在每分钟1000转经1~2min即可；无定形和疏松沉淀，约在每分钟2000转经3~4min即可；若仍不能分离，可加热或加入适当的电解质使其加速凝聚，然后再分离。

③ 停止时，也应由高速一挡一挡慢慢地降速至停挡，且让它自然停转。切不可用外力强制它停止旋转，这样易损坏离心机。

④ 取出离心管，用左手持离心管，右手拿毛细吸管由上而下缓慢地吸出清液（图3.12），当毛细吸管接近沉淀时要特别小心，勿使滴管触及沉淀，以防吸入沉淀。一般在沉淀表面总保留一些溶液，可加入适量蒸馏水或合适的电解质洗涤液，用玻璃棒充分搅匀再离心分离；如此重复操作2~3次一般就可洗净沉淀表面的溶液了。

图3.12 沉淀与溶液的分离

注意，毛细吸管的橡皮头应排除空气后再伸进溶液中吸液，不能在吸液时排气，这样会把已分离的溶液和沉淀搅混。用过的毛细吸管需继续使用，应让毛细管稍低于橡皮头，且不要与桌面相碰，以防残留液进入橡皮头和沾污毛细吸管。

3.7 重结晶

重结晶是利用溶剂对被提纯物质及杂质的溶解度不同，使被提纯物质从过饱和溶液中析出、杂质全部或大部分留在溶液中，从而达到提纯目的。一般重结晶只适用于纯化杂质含量在5%以下的固体有机混合物。重结晶装置如图3.13所示，菊花滤纸的折叠如图3.14所示。

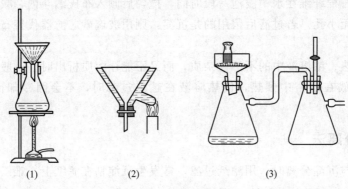

图 3.13 重结晶装置

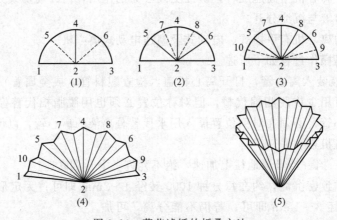

图 3.14 菊花滤纸的折叠方法

3.7.1 热水漏斗的使用

① 热水漏斗中装的热水不宜过高以免溢出。
② 应使用短颈玻璃漏斗置于热水漏斗中，不能用长颈玻璃漏斗。
③ 玻璃漏斗颈紧贴接收容器的内壁。
④ 过滤易燃溶剂时，必须熄灭附近的火源。

3.7.2 活性炭的使用

当粗制的有机化合物含有有色杂质、溶液中存在着某些树脂状物质或不溶性杂质的均匀悬浮体（不能用一般的过滤方法除去）时，加入适量活性炭（一般用量为固体粗产物质量的

1%~5%），在不断搅拌下煮沸 5~10min，然后趁热过滤；若一次脱色不好，可再用少量活性炭处理一次。活性炭在水溶液中进行的脱色效果较好，也可以在任何有机溶剂中使用，但在烃类等非极性溶剂中脱色效果较差。

3.7.3 重结晶提纯法的一般操作方法

重结晶提纯法的基本步骤：选择溶剂→溶解固体→热过滤除杂质→晶体析出→抽滤、洗涤晶体→干燥。

(1) 选择溶剂

选择溶剂应特别注意：

a. 溶剂与被提纯物不反应；

b. 被提纯物易溶于热溶剂中而不易溶于冷溶剂中；

c. 溶剂对杂质的溶解很大（杂质留在母液中）或很小（热过滤时除去杂质）；

d. 价廉易得，毒性低。

(2) 溶解固体

a. 一般使用所需溶剂量的 120% 左右的溶剂；

b. 若使用有机易燃、低沸点或有毒溶剂，应在锥形瓶上装置回流冷凝管。

(3) 热过滤除杂质

a. 必须熄灭火源再进行热过滤；

b. 过滤前要把短颈玻璃漏斗在烘箱中预先烘热；

c. 过滤前用少量热溶剂润湿折叠滤纸，以免干滤纸吸收溶剂使结晶析出堵塞漏斗颈；

d. 过滤时，漏斗上应盖上表面皿，以减少溶剂的挥发；

e. 应用毛巾等物包住热的容器，以免烫伤或忙乱。

(4) 晶体析出

a. 不要急冷和剧烈搅动滤液，以免晶体过细，使晶体因表面积大而吸附杂质多；

b. 若溶液不结晶，可投"晶种"或用玻璃棒摩擦器壁。

(5) 抽滤、洗涤晶体

a. 抽滤接近完毕时，用玻璃钉挤压晶体，以尽量除去母液；

b. 布氏漏斗中的晶体要用少量溶剂洗涤，以除去存在于晶体表面的母液。

3.8 升华

升华是纯化固体物质的另外一种方法，特别适用于纯化在熔点温度以下蒸气压较高（高于 20mm Hg）的固体物质。利用升华可除去不挥发性杂质或分离不同挥发度的固体混合物，升华的产品具有较高的纯度，但操作时间长，损失较大，因此在实验室里一般用于较少量（1~2g）化合物的提纯。

与液体相同，固体物质亦有一定的蒸气压，并随温度而变。当加热时，物质自固态不经过液态而直接气化为蒸气，蒸气冷却又直接凝固为固态物质，这个过程称为升华。常采用升华的方法提纯某些固体物质，升华是利用固体混合物中的被纯化固体物质与其他固体物质（或杂质）具有不同的蒸气压而纯化固体物质的。

一个固体物质在熔点温度以下具有足够大的蒸气压，则可用升华方法来提纯。显然，欲纯化物中杂质的蒸气压必须很低，分离的效果才好。但在常压下具有适宜升华蒸气压的有机物不多，常常需要减压以增加固体的气化速率，即采用减压升华。这与对高沸点液体进行减压蒸馏是同一道理。

3.8.1 常压升华

简单的常压升华装置主要由蒸发皿、刺有小孔的滤纸、玻璃漏斗等组成，如图 3.15 所示。在蒸发皿中放置粗产物，上面覆盖一张刺有许多小孔的滤纸（最好在蒸发皿的边缘上先放置大小合适的用石棉纸做成的窄圈，用以支持此滤纸）。然后将大小合适的玻璃漏斗倒盖在上面。漏斗的颈部塞有玻璃毛或脱脂棉花团，以减少蒸气逃逸。在石棉网上渐渐加热蒸发皿（最好能用空气浴、沙浴或其他热浴），小心调节火焰，控制浴温低于被升华物质的熔点，使其慢慢升华。蒸气通过滤纸小孔上升，冷却后凝结在滤纸上或漏斗壁上。必要时外壁可用湿布冷却。

图 3.15　常压升华装置　　　　图 3.16　减压升华装置

3.8.2 减压升华

简单的减压升华装置由吸滤管、冷凝指、水泵组成，如图 3.16 所示。将固体物质放于吸滤管中，然后将装有"冷凝指"的橡皮塞严密地塞住吸滤管口，用水泵或油泵减压。接通冷凝水流，将吸滤管浸在水浴或油浴中加热，使之升华。升华结束后慢慢使体系与大气相通，以免空气突然冲入而把冷凝指上的晶体吹落。小心取出冷凝指，收集升华后的产品。

3.9　萃取

萃取和洗涤是分离、提纯有机化合物常用的操作。萃取是利用溶剂从液体或固体混合物中提取所需要的物质，洗涤则是从混合物中洗掉少量杂质，洗涤实际上也是一种萃取。

萃取效果与萃取剂的性质有着密切关系。选择萃取剂应当要求与原溶剂不相互溶，对被提取物溶解度大，与原溶剂及提取物不反应，沸点较低，易于回收。经常使用的溶剂有乙醚、苯、四氯化碳、石油醚、氯仿、二氯甲烷、正己醇、乙酸乙酯等。

洗涤常用于从有机物中除去少量酸、碱等杂质。洗涤剂常用水、稀碱或稀酸溶液，使杂质溶于水或成盐后溶于水而被分离。

3.9.1 液-液萃取

实验室最常用萃取仪器为分液漏斗（图3.17）。应选择容积比萃取液体体积大一倍以上的分液漏斗。使用前，先将旋塞擦干，然后涂上润滑脂（注意不要堵塞旋塞孔），塞好后旋塞，使润滑脂均匀分布，看上去透明。上口塞子不能涂润滑脂，以免污染从上口倒出的溶液。然后放入水，检查上、下两个塞子是否漏水，确认不漏后方可使用。将分液漏斗放在固定于铁架台上的铁环中，在分液漏斗下面接锥形瓶。关闭下面的旋塞，将萃取剂和被萃取液从上口倒入，塞紧塞子，并使塞子的缺口与上口的通气孔错开。取下分液漏

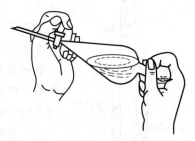

图3.17 分液漏斗的使用

斗，用右手手掌顶住漏斗上面的塞子，左手握住旋塞处，拇指压紧旋塞，把漏斗放平，前后振摇，尽量使两种互不相溶的溶液充分混合。开始时，振摇要慢，振摇几次后，将分液漏斗上口向下倾斜，下部支管指向斜上方，左手仍握住旋塞支管处，用拇指和食指旋开旋塞放气。放气时支管口不能对着人，也不能对着火。振摇时一定要及时放气，尤其是用一些低沸点溶剂（如乙醚）萃取时或用酸、碱溶液洗涤产生气体时，振摇会产生很大的压力，如不及时放气，漏斗内的压力大大超过大气压，就会顶开塞子出现喷液。经几次振摇放气后，把漏斗放在铁环上，并将上口塞子的缺口对准漏斗上口的通气孔，使漏斗内部与大气相通，静置。待两层液体完全分开后，慢慢旋开下面的旋塞，放出下层液体。

有时在两层间出现一些絮状物，应将它放入水层。上层液体从上口倒出，不可从下口放出，以免被漏斗颈上残留的下层液体污染。水层能否很好地分离干净，是能否顺利进行干燥的关键，所以分液时一定要仔细。分液时，一般可根据相对密度来判断哪一层为水层，哪一层为有机层。但有时在萃取过程中相对密度会发生变化，不好辨认，此时可在试管中放入少量水，加入其中某一层的少量液体，如不分层则为水层，否则为有机层。特别要注意，在未确认前切不可轻易倒掉某一层溶液。

水溶液经几次萃取后，合并所有的有机层，用干燥剂干燥，然后蒸馏回收溶剂。所得产品根据具体要求进一步纯化。

萃取时，有时会产生乳化现象，特别是当溶液呈碱性时，很容易产生乳化现象。有时由于两相的相对密度接近、溶剂互溶或存在少量轻质沉淀，也可能使两相不能清晰地分开。用来破坏乳化的方法有：

① 较长时间静置；

② 若由于溶剂与水部分互溶而发生乳化，可加入少量电解质（如氯化钠），利用"盐析作用"破坏乳化，在两相相对密度相差很小时，加入氯化钠可以增加水相的相对密度；

③ 因碱性物质存在而产生乳化现象，可加入少量稀酸或采用过滤的方法来消除。

有时也用乙醇、磺化蓖麻油等破坏乳化。

3.9.2 液-固萃取

从固体混合物中萃取所需要的物质是利用固体物质在溶剂中的溶解度不同来达到分离、提取的目的。通常是用长期浸出法或采用索氏提取器（Soxhlet extractor，脂肪提取器，

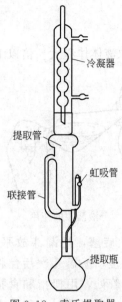

图 3.18 索氏提取器

图 3.18）来提取物质。前者是用溶剂长期的浸润溶解而将固体物质中所需物质浸出来，然后用过滤或倾泻的方法把萃取液和残留的固体分开。这种方法效率不高，时间长，溶剂用量大，实验室不常采用。

索氏提取器是利用溶剂加热回流及虹吸原理，使固体物质每一次都能被纯的溶剂所萃取，因而效率较高并节约溶剂，但对受热易分解或变色的物质不宜采用。索氏提取器由三部分构成：上面是冷凝器，中部是带有虹吸管的提取管，下面是提取瓶。萃取前应先将固体物质研细，以增加液体浸溶的面积。然后将固体物质放入滤纸套内，并将其置于中部，内装物不得超过虹吸管，溶剂由上部经中部虹吸加入到烧瓶中。当溶剂沸腾时，蒸气通过通气侧管上升，被冷凝管凝成液体，滴入提取管中。当液面超过虹吸管的最高处时，产生虹吸，萃取液自动流入烧瓶中，因而萃取出溶于溶剂的部分物质。再蒸发溶剂，如此循环多次，直到被萃取物质大部分被萃取为止。固体中可溶物质富集于烧瓶中，然后用适当方法将萃取物质从溶液中分离出来。

3.10 标准溶液

3.10.1 标准溶液浓度大小的选择

为了选择标准溶液浓度的大小，通常要考虑下面几个因素：
① 滴定终点的敏锐程度；
② 测量标准溶液体积的相对误差；
③ 分析试样的成分和性质；
④ 对分析准确度的要求。

显而易见，若标准溶液较浓，则最后一滴标准溶液会使指示剂的变化信号更为明显，因为它所含的作用物质较多。但标准溶液越浓，由一滴或半滴过量所造成的相对误差就越大，这是因为估读滴定管读数时的视差几乎是常数（50.00mL 滴定管的读数视差约为±0.02mL）。所以为了保证测量时的相对误差不大于±0.1%，所用标准溶液的体积一般不小于约 20mL，而又不得超过 50mL，否则会引起读数次数增多而增加视差机会。

另一方面，在确定标准溶液浓度大小时，还需考虑一次滴定所消耗的标准溶液的量要适中。关于标准溶液需要量的多少，不仅决定它本身的浓度，也与试样中待测组分含量的多少有关。待测组分含量越低，若使用的标准溶液浓度又较高，则所需标准溶液的量就可能太少，从而使读数的准确度降低。同时还应考虑试样的性质，例如，测定天然水的碱度（其值很小）时，可用 $0.02\text{mol} \cdot \text{L}^{-1}$ 标准酸溶液直接滴定，但在测定石灰石的碱度时，则需要 $0.2\text{mol} \cdot \text{L}^{-1}$ 标准酸溶液（先将试样溶于已知准确体积的过量标准溶液中，待试样完全溶解后，再用碱标准溶液返滴过量的酸），否则会因酸太稀而使试样溶解相当慢。

综上所述，在定量分析中常用的标准溶液浓度大多为 0.0500～0.2000mol•L^{-1}，而以 0.1000mol•L^{-1} 溶液用得最多。在工业分析中，时常用到 1.000mol•L^{-1} 标准溶液；微量定量分析中，则常采用 0.0010mol•L^{-1} 标准溶液。

3.10.2 基准物质

用来直接配制标准溶液或标定溶液浓度的物质称为基准物质。作为基准物质应符合下列要求。

① 组成应与化学式完全相符。若含结晶水，其结晶水的含量也应与化学式相符。如草酸 $H_2C_2O_4•2H_2O$，硼砂 $Na_2B_4O_7•10H_2O$ 等。

② 纯度要足够高，一般要求其纯度应在 99.9% 以上，而杂质含量应少到不至于影响分析的准确度。

③ 稳定。例如不易吸收空气中的水分和 CO_2，也不易被空气所氧化等。

④ 有比较大的摩尔质量。这样，对相同摩尔数而言，使称量相对误差减小。

⑤ 参加反应时，应按反应方程式定量进行而没有副反应。

最常用的基准物质有以下几类。

① 用于酸碱反应：无水碳酸钠（Na_2CO_3），硼砂（$Na_2B_4O_7•10H_2O$），邻苯二甲酸氢钾（$KHC_8H_4O_4$），恒沸点盐酸，苯甲酸（C_6H_5COOH），草酸（$H_2C_2O_4•2H_2O$）等。

② 用于配位反应：硝酸铅 [$Pb(NO_3)_2$]，氧化锌（ZnO），碳酸钙（$CaCO_3$），硫酸镁（$MgSO_4•7H_2O$）及各种纯金属（如 Cu、Zn、Cd、Al、Co、Ni 等）。

③ 用于氧化还原反应：重铬酸钾（$K_2Cr_2O_7$），溴酸钾（$KBrO_3$），碘酸钾（KIO_3），碘酸氢钾 [$KH(IO_3)_2$]，草酸钠（$Na_2C_2O_4$），氧化砷（Ⅲ）（As_2O_3），硫酸铜（$CuSO_4•5H_2O$）和纯铁等。

④ 用于沉淀反应：银（Ag），硝酸银（$AgNO_3$），氯化钠（NaCl），氯化钾（KCl），溴化钾（从溴酸钾制备的）等。

以上这些反应的含量一般在 99.9% 以上，甚至可达 99.99% 以上。值得注意的是，有些超纯物质和光谱纯试剂的纯度虽然很高，但这只说明其中杂质的含量很低而已，却并不表明它的主成分含量在 99.9% 以上。有时候因为其中含有不定组成的水分和气体杂质以及试剂本身的组成不固定等原因，会使主成分的含量达不到 99.9%，也就不能用作基准物质了。因此不得随意选择基准物质。

3.10.3 标准溶液的配制

标准溶液是具有准确浓度的溶液，用于滴定待测试样。其配制方法有直接法和标定法。

(1) 直接法

准确称取一定量基准物质，溶解后定量转入容量瓶中，用蒸馏水稀释至刻度。根据称取物质的质量和容量瓶的体积，计算出该溶液的准确浓度。

(2) 标定法

有些物质不具备作为基准物质的条件，便不能直接用来配制标准溶液，这时可采用标定法。将该物质先配成一种近似于所需浓度的溶液，然后用基准物质（或已知准确浓度的另一份溶液）来标定它的准确浓度。例如 HCl 试剂易挥发，欲配制浓度 c_{HCl} 为 0.1mol•L^{-1} HCl 标准溶液时，就不能直接配制，而是先将浓 HCl 配制成浓度大约为 0.1mol•L^{-1} 稀溶液，然后称取一定量的基准物质如硼砂对其进行标定,或者用已知准确浓度的 NaOH 标准溶液来进行标定,从而求出 HCl 标准溶液的准确浓度。

3.11 有机化合物的干燥

干燥是常用的除去固体、液体或气体中少量水分或少量有机溶剂的方法。如在进行有机物波谱分析、定性或定量分析以及测物理常数时,往往要求预先干燥,否则测定结果便不准确。液体有机物在蒸馏前也需干燥,否则沸点前馏分较多,产物损失,甚至沸点也不准。此外,许多有机反应需要在无机条件下进行,因此,溶剂、原料和仪器等均要干燥。可见,在有机化学实验中,试剂和产品的干燥具有重要的意义。

3.11.1 基本原理

干燥方法可分为物理方法和化学方法两种。

(1) 物理方法

物理方法中有烘干、晾干、吸附、分馏、共沸蒸馏和冷冻等。近年来,还常用离子交换树脂和分子筛等方法进行干燥。离子交换树脂是一种不溶于水、酸、碱和有机溶剂的高分子聚合物。分子筛是含水硅铝酸盐的晶体。

(2) 化学方法

化学方法采用干燥剂来除水。根据除水作用原理又可分为两种。

① 能与水可逆地结合,生成水合物,例如:

$$CaCl_2 + nH_2O \Longrightarrow CaCl_2 \cdot nH_2O$$

② 与水发生不可逆的化学变化,生成新的化合物,例如:

$$2Na + 2H_2O \Longrightarrow 2NaOH + H_2 \uparrow$$

使用干燥剂时要注意以下几点。

a. 干燥剂与水的反应为可逆反应时,反应达到平衡需要一定时间。因此,加入干燥剂后,一般最少要两个小时或更长一点的时间后才能收到较好的干燥效果。因反应可逆,不能将水完全除尽,故干燥剂的加入量要适当,一般为溶液体积的 5% 左右。当温度升高时,这种可逆反应的平衡向脱水方向移动,所以在蒸馏前,必须将干燥剂滤除,否则被除去的水将返回液体中。另外,若把盐倒(或留)在蒸馏瓶底,受热时会发生迸溅。

b. 干燥剂与水发生不可逆反应时,使用这类干燥剂在蒸馏前不必滤除。

c. 干燥剂只适用于干燥少量水分。若水的含量大,干燥效果不好。为此,萃取时应尽量将水层分净,这样干燥效果好,且产物损失少。

3.11.2 液体有机化合物的干燥

(1) 干燥剂的选择

干燥剂应与被干燥的液体有机化合物不发生化学反应,包括溶解、络合、缔合和催化等作用,例如酸性化合物不能用碱性干燥剂等。表 3.2 列出各类有机物常用的干燥剂的性能与应用范围。

表 3.2　常用干燥剂的性能与应用范围

干燥剂	吸水产物	吸水容量	干燥性能	干燥速度	应用范围
五氧化二磷	H_3PO_4	—	强	快	醚、烃、卤代烃、腈中痕量水分,不适用于醇、酸、胺、酮
金属钠	$NaOH+H_2$	—	强	快	醚、烃类中痕量水分,切成小块或压成钠丝使用
分子筛	物理吸附	约 0.25	强	快	适于各类有机化合物的干燥
硫酸钙	$CaSO_4 \cdot H_2O$	0.06	强	快	常与硫酸镁配合,作最后干燥
氯化钙	$CaCl_2 \cdot nH_2O$	0.97	中等	较快	不能用来干燥醇、酚、胺、酰胺、某些醛、酮及酸
氢氧化钾	溶于水	—	中等	快	弱碱性,用于胺及杂环等碱性化合物,不能干燥醇、醛、酮、酯、酸、酚等
碳酸钾	$K_2CO_3 \cdot 0.5H_2O$	0.2	较弱	慢	弱碱性,用于醇、酮、酯、胺等碱性化合物,不适用酸、酚及其他酸性化合物
硫酸镁	$MgSO_4 \cdot nH_2O$	1.05	较弱	较快	中性,可代替氯化钙,也可用于酯、醛、酮、腈、酰胺等类化合物

(2) 使用干燥剂时要考虑干燥剂的吸水容量和干燥效能

吸水容量是指单位质量干燥剂所吸收的水量,而干燥效能是指达到平衡时液体被干燥的程度。对于形成水合物的无机盐干燥剂,常用吸水后结晶水的蒸气压来表示干燥剂效能。如硫酸钠形成 10 个结晶水,其吸水容量达 1.25,蒸气压为 260Pa;氯化钙最多能形成 6 个水的水合物,其吸水容量为 0.97,在 25℃时水蒸气压力为 39Pa。因此硫酸钠的吸水容量较大,但干燥效能弱;而氯化钙吸水容量较小,但干燥效能强。在干燥含水量较大而又不易干燥的化合物时,常先用吸水容量较大的干燥剂除去大部分水,再用干燥效能强的干燥剂进行干燥。

(3) 干燥剂的用量

根据水在液体中溶解度和干燥剂的吸水量,可算出干燥剂的最低用量。但是,干燥剂的实际用量是大大超过计算量的。一般干燥剂的用量为每 10mL 液体需 0.5～1g 干燥剂。但在实际操作中,主要是通过现场观察判断。

① 观察被干燥液体　干燥前,液体呈浑浊状,经干燥后变成澄清,这可简单地作为水分基本除去的标志。例如在环己烯中加入无水氯化钙进行干燥,未加干燥剂之前,由于环己烯中含有水,环己烯不溶于水,溶液处于浑浊状态。当加入干燥剂吸水之后,环己烯呈清澈透明状,这时即表明干燥合格。否则应补加适量干燥剂继续干燥。

② 观察干燥剂　例如用无水氯化钙干燥乙醚时,乙醚中的水无论除净与否,溶液总是呈清澈透明状,如何判断干燥剂用量是否合适,则应看干燥剂的状态。加入干燥剂后,因其吸水变黏,粘在器壁上,摇动不易旋转,表明干燥剂用量不够,应适量补加无水氯化钙,直到新加的干燥剂不结块,不粘壁,干燥剂棱角分明,摇动时旋转并悬浮(尤其 $MgSO_4$ 等小晶粒干燥剂),表示所加干燥剂用量合适。

由于干燥剂还能吸收一部分有机液体,影响产品收率,故干燥剂用量应适中。应加入少量干燥剂后静置一段时间,观察用量不足时再补加。

(4) 干燥时的温度

对于生成水合物的干燥剂,加热虽可加快干燥速度,但远远不如水合物放出水的速度快,因此,干燥通常在室温下进行。

(5) 操作步骤与要点

① 首先把被干燥液中水分尽可能除净,不应有任何可见的水层或悬浮水珠。

② 把待干燥的液体放入锥形瓶中,取颗粒大小合适(如无水氯化钙,应为黄豆粒大小并不夹带粉末)的干燥剂,放入液体中,用塞子盖住瓶口,轻轻振摇,经常观察,判断干燥剂是否足量,静置半小时(最好过夜)。

③ 把干燥好的液体滤入蒸馏瓶中,然后进行蒸馏。

3.11.3 固体有机化合物的干燥

干燥固体有机化合物,主要是为除去残留在固体中的少量低沸点溶剂,如水、乙醚、乙醇、丙酮、苯等。由于固体有机物的挥发性比溶剂小,所以采取蒸发和吸附的方法来达到干燥的目的,常用干燥法如下。

① 晾干。

② 烘干。

a. 用恒温烘箱烘干或用恒温真空干燥箱烘干;

b. 用红外灯烘干。

③ 冻干。

④ 若遇难抽干溶剂时,把固体从布氏漏斗中转移到滤纸上,上下均放 2~3 层滤纸,挤压,使溶剂被滤纸吸干。

⑤ 干燥器干燥。

a. 普通干燥器;

b. 真空干燥器;

c. 真空恒温干燥器(干燥枪)。

3.11.4 气体的干燥

在有机实验中,常用气体有 N_2、O_2、H_2、Cl_2、NH_3、CO_2,有时要求气体中含很少或几乎不含 CO_2、H_2O 等,因此,就需要对上述气体进行干燥。

干燥气体常用仪器有干燥管、干燥塔、U 型管、各种洗气瓶(常用来盛液体干燥剂)等。常用气体干燥剂列于表 3.3。

表 3.3 常用气体干燥剂

干燥剂	可干燥气体
CaO、碱石灰、NaOH、KOH	NH_3 类
无水 $CaCl_2$	H_2、HCl、CO_2、CO、SO_2、N_2、O_2、低级烷烃、醚、烯烃、卤代烃
P_2O_5	H_2、N_2、O_2、CO_2、SO_2、烷烃、乙烯
浓 H_2SO_4	H_2、N_2、HCl、CO_2、Cl_2、烷烃
$CaBr_2$、$ZnBr_2$	HBr

第4章 常用实验仪器的使用方法

4.1 电子天平

4.1.1 天平的使用方法

电子天平是根据电磁力平衡原理，直接称量，全量程不需砝码（图4.1）。放上称量物后，在几秒钟内即达到平衡，显示读数。该天平使用方法如下。

① 水平调节。观察水平仪，如水平仪水泡偏移，需调整水平调节脚，使水泡位于水平仪中心。

② 预热。接通电源，预热至规定时间。

③ 开机。轻按"ON"键，天平进行自检，最后显示"0.0000g"。读数时应关上天平门。

④ 称量。按"TAR"键，显示为零后，置称量物于称盘上，待数字稳定后，即可读出称量物的质量。

⑤ 去皮称量。按"TAR"键清零，置容器于称盘上，天平显示容器质量，再按"TAR"键，显示零，即去除皮重。

图4.1 电子天平

再置称量物于容器中，或将称量物（粉末状物或液体）逐步加入容器中直至达到所需质量，待显示稳定，这时显示的是称量物的净质量。将称盘上的所有物品拿开后，天平显示负值，按"TAR"键，天平显示"0.0000g"。若称量过程中称盘上的总质量超过最大载荷时，天平仅显示上部线段，此时应立即减小载荷。

⑥ 称量结束后，若较短时间内还使用天平（或其他人还使用天平）一般不用按"OFF"键关闭显示器。实验全部结束后，关闭显示器，切断电源，若短时间内（例如2h内）还使用天平，可不必切断电源，再用时可省去预热时间。若当天不再使用天平，应拔下电源插头。

4.1.2 称量方法

常用的称量方法有直接称量法、固定质量称量法和递减称量法。

(1) 直接称量法

将称量物直接放在天平盘上直接称量物体的质量。

(2) 固定质量称量法

又称增量法，用于称量某一固定质量的试剂（如基准物质）或试样。将称量物（粉末状物或液体）逐步加入容器中直至达到所需质量，这种称量操作的速度很慢，适于称量不易吸潮、在空气中能稳定存在的粉末状或小颗粒（最小颗粒应小于 0.1mg，以便容易调节其质量）样品。注意：若不慎加入试剂超过指定质量，应用牛角匙取出多余试剂，直至试剂质量符合指定要求为止；严格要求时，取出的多余试剂应弃去，不要放回原试剂瓶中；操作时不能将试剂散落于天平盘等容器以外的地方。

(3) 递减称量法

又称减量法，用于称量一定质量范围的样品。在称量过程中样品易吸水、易氧化或易与 CO_2 等反应时，可选择此法。由于称取试样的质量是由两次称量之差求得，故也称差减法。

称量步骤如下：从干燥器中用纸带（或纸片）夹住称量瓶后取出称量瓶（注意：不要让手指直接触及称量瓶和瓶盖），用纸片夹住称量瓶盖柄，打开瓶盖，用牛角匙加入适量试样（一般为称一份试样量的整数倍），盖上瓶盖。称出称量瓶加试样后的准确质量。将称量瓶从天平上取出，在接收容器的上方倾斜瓶身，用称量瓶盖轻敲瓶口上部使试样慢慢落入容器中，瓶盖始终不要离开接收器上方。当倾出的试样接近所需量时，一边继续用瓶盖轻敲瓶口，一边逐渐将瓶身竖直，使沾附在瓶口上的试样落回称量瓶，然后盖好瓶盖，准确称其质量。两次质量之差，即为试样的质量。按上述方法连续递减，可称量多份试样。有时一次很难得到合乎质量范围要求的试样，可重复上述称量操作 1~2 次。

4.2 酸度计

如图 4.2 所示 pHS-3C 型精密 pH 计，开机前需做以下准备：电极梗旋入电极梗插座，调节电极夹到适当位置，将复合电极夹在电极夹上，拉下电极前端的电极套，用蒸馏水清洗电极，清洗后用滤纸吸干。插入电源、按下开关，电源接通后，预热 30min，即可进行标定、测量。

图 4.2 pHS-3C 型精密 pH 计

4.2.1 标定

仪器使用前，先要标定，一般来说，仪器在连续使用时，每天要标定一次。

① 在测量电极插座处拔去短路插座、插上复合电极；

② 把选择开关旋钮调到 pH 挡；

③ 调节温度补偿旋钮，使旋钮白线对准溶液温度值；

④ 把斜率调节旋钮顺时针旋到底（即调到 100% 位置）；

⑤ 把清洗过的电极插入 pH=6.86 的缓冲溶液中；

⑥ 调节定位调节旋钮，使仪器显示读数与该缓冲溶液当时温度下的 pH 值相一致（如用混合磷酸定位温度为 100℃时，pH=6.92）；

⑦ 用蒸馏水清洗过的电极，再插入 pH=4.00（或 pH=9.18）的标准溶液中，调节斜率旋钮使仪器显示读数与该缓冲溶液中当时温度下的 pH 值一致。

⑧ 重复操作⑤~⑦直至不用再调节定位或斜率两调节旋钮为止。

4.2.2 pH 值的测量

(1) 被测溶液与标定溶液温度相同时

测量步骤如下：

① 用蒸馏水清洗电极头部，用被测溶液清洗一次；

② 把电极浸入被测溶液中，用玻璃棒搅拌溶液，使溶液均匀，在显示屏上读出溶液的 pH 值。

(2) 被测溶液和标定溶液温度不相同时

测量步骤如下：

① 电极头部，用被测溶液清洗一次；

② 用温度计测出被测溶液的温度值；

③ 调节"温度"调节旋钮，使白线对准被测溶液的温度值；

④ 把电极插入被测溶液内，用玻璃棒搅拌溶液，使溶液均匀后读出该溶液的 pH 值。

4.3 分光光度计

4.3.1 721 型分光光度计

721 型分光光度计集光学、精密机械和电子技术而成，是工厂、矿山、医院及科研单位化验室应用较多的一种分析仪器，具有取样少、分析快、准确、灵敏度高、干扰少、结构紧凑、应用广泛且使用简便、价格低廉等优点。其波长范围为 360~800nm，色散元件为三角棱形，分光光度计外形如图 4.3 所示。

(1) 工作原理

分光光度计的工作原理是溶液中的物质在光的照射激发下产生对光吸收的效应，物质对光的吸收具有选择性。由于各种不同的物质都具有各自的吸收光谱，因此，当某单色光通过溶液时，其能量就会被吸收而减弱，光能量减弱的程度和物质浓度成一定的比例关系，即符合比色原理—朗伯-比耳定律。

$$T = I/I_0 \qquad (4.1)$$

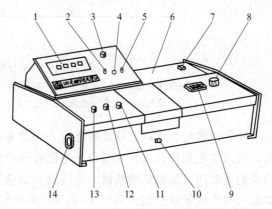

图 4.3 721 型分光光度计外形

1—数字显示器；2—吸光度调零旋钮；3—选择开关；4—吸光度调斜率电位器；5—浓度旋钮；6—光源室；7—电源开关；8—波长手轮；9—波长刻度窗；10—试样架拉手；11—100% T 旋钮；12—0% T 旋钮；13—灵敏度调节旋钮；14—干燥器

$$\lg(I_0/I) = kcl \tag{4.2}$$
$$A = kcl \tag{4.3}$$

式中，T 为透光率；I 为透射光强度；I_0 为入射光强度；k 为吸收系数；c 为溶液浓度；l 为溶液光路长度；A 为吸光度。

从式(4.2)可以看出，当入射光强度、吸收系数和溶液的光路长度不变时，透射光强度与溶液浓度成比例。

721 型分光光度计就是根据上述物理定律而设计的，如图 4.4 所示。

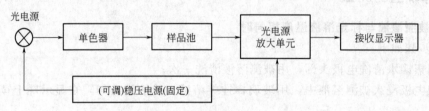

图 4.4　721 型分光光度计工作原理图

(2) 仪器的光学系统

721 型分光光度计采用 30°棱镜自准式单光束光路，其光学系统框图如图 4.5 所示。

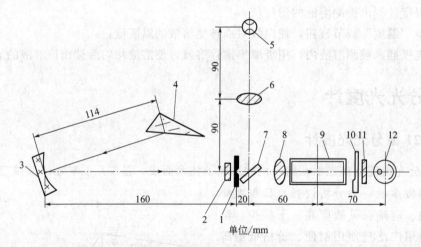

图 4.5　721 型分光光度计光学系统
1—狭缝装置；2—保护玻璃；3—准直镜；4—色散棱镜；5—光源灯；6—聚光透镜；
7—反光镜；8—聚光透镜；9—比色皿；10—光门；11—保护玻璃；12—光电管

由光源钨灯发出的连续辐射光线，经聚光透镜会聚后，再经过平面镜反射至入射狭缝装置，进入单色器内。入射狭缝位于球面直镜的焦平面上，当入射光线经准直镜反射后，以一束平行光射向背面镀铝的棱镜，光线经棱镜色散、反射后按原光路返回（入射角在最小偏向角时入射光线依原光路返回）。经色散后的光线再经准直镜反射，通过出光狭缝装置后凸透镜聚焦进入检测室，由光门控制光电管接收，从而使光信号转变为电信号，再经放大器放大后由 μA 级电流表显示。

(3) 操作方法

① 接通电源，打开仪器开关，掀开样品室暗箱盖，预热 20min。

② 将灵敏度开关调至"1"挡（若零点调节器调不到"0"时，需选用较高挡）。

③ 根据所需波长转动波长选择钮。

④ 将空白液及测定液分别倒入比色皿 3/4 处，用擦镜纸擦清外壁，放入样品室内，使空白管对准光路。

⑤ 在暗箱盖开启状态下调节零点调节器，使读数盘指针指向 $T=0$ 处。

⑥ 盖上暗箱盖，调节"100%T"调节器，使空白管的 $T=100$。

⑦ 按照⑤、⑥方式连续几次调整"0"位和电表指针"100%"，仪器即可进行测定工作，拉出样品滑竿，分别读出测定管的光密度值，并记录。

⑧ 比色完毕，关上电源，取出比色皿洗净，样品室用软布或软纸擦净。复原仪器。

(4) 注意事项

① 该仪器应放在干燥的房间内，使用时放置在坚固平稳的工作台上，室内照明不宜太强。热天时不能用电扇直接向仪器吹风，防止灯泡灯丝发亮不稳定。尽量远离高强度的磁场、电场及发生高频波的电器设备。

② 使用本仪器前，使用者应该首先了解本仪器的结构和工作原理，以及各个操作旋钮的功能。在未按通电源之前，应该对仪器的安全性能进行检查，电源接线应牢固，通电也要良好，各个调节旋钮的起始位置应该正确，然后再按通电源开关。

③ 在仪器尚未接通电源时，电表指针必须于"0"刻度线上。若不是这种情况，则可以用电表上的校正螺丝进行调节。

④ 放大器灵敏度挡的选择则根据不同的单色光波长的光能量不一致时分别选用，其各挡的灵敏度范围是：第一挡×1倍；第二挡×10倍；第三挡×20倍。选用的原则是保证能使空白挡良好调整到100%的情况下，尽可能采用灵敏度较低挡。使用时一般置"1"，灵敏度不够时再逐渐升高，但改变灵敏度后需重新校正"0"和"100%"。

⑤ 空白挡可以采用空气空白、蒸馏水空白或其他有色溶液中性吸光玻璃作陪衬。空白调节于"100%"处，能提高吸光度数以适应溶液的高含量测定。

⑥ 根据溶液中的被测物含量的不同可以酌情选用不同规格光程长度的比色皿，目的是使电表读数处于 0.8 消光之内。

⑦ 如果大幅度改变测试波长，在调整"0"和"100%"后稍等片刻，当指针稳定后重新调整"0"和"100%"即可工作。

⑧ 不可用手、滤纸或毛刷摩擦透光面，只能用绸布或擦镜纸擦。拿取比色皿时，只能手指接触两侧的毛玻璃面，避免接触光学面。

4.3.2 722 型分光光度计

722 型分光光度计能在近紫外-可见光谱区域内对样品物质作定性和定量的分析。其色散元件为衍射光栅，工作原理同 721 型分光光度计，波长精度比 721 型分光光度计好，且数字显示读数。操作方法和注意事项如下。

① 将灵敏度旋钮调整"1"挡（放大倍率最小）。

② 开启电源，指示灯亮，仪器预热 20min，选择开关置于"T"挡。

③ 打开样品室盖（光门自动关闭），调节"0%T"旋钮，使数字显示为"00.0"。

④ 将装有溶液的比色皿放置于比色架中。

⑤ 旋动仪器波长手轮，把测试所需的波长调至刻度线处。

⑥ 盖上样品室盖，将参比溶液比色皿置于光路中，调节透光率"100% T"旋钮，使数

字显示为"100.0T"（如果显示不到"100％T"，则可适当增加灵敏度的挡数，同时应重复③，调整仪器的"00.0"）。

⑦ 将被测溶液置于光路中，数字表上直接读出被测溶液的透光率（T）值。

⑧ 吸光度 A 的测量，参照③、⑥调整仪器的"00.0"和"100.0"，将选择开关置于"A"旋动吸光度调零旋钮，使得数字显示为"0.000"，然后移入被测溶液，显示值即为试样的吸光度 A 值。

⑨ 浓度 c 的测量，选择开关由"A"旋至"C"，将已标定浓度的溶液移入光路，调节浓度按钮，使得数字显示为标定值，将被测溶液移入光路，即可读出相应的浓度值。

⑩ 仪器在使用时，应常参照本操作方法中③、⑥进行调"00.0"和"100.0"的工作。

⑪ 每台仪器所配套的比色皿不能与其他仪器上的比色皿单个调换。

⑫ 本仪器数字显示器背部，带有外接插座，可输出模拟信号。其中插座1脚为正，2脚为负接地线。

⑬ 如果大幅度改变测试波长，需等数分钟后才能正常工作（因波长由长波向短波或短波向长波移动时，光能量变化急剧，光电管受光后响应较慢，需一段光响应平衡时间）。

4.4 恒温槽

恒温槽是实验工作中常用的一种以液体为介质的恒温装置，常用恒温水浴装置（图4.6）。用液体作介质的优点是热容量大和导热性好，从而使温度控制的稳定性和灵敏度大为提高。根据温度控制的范围，可采用下列液体介质。

① $-60\sim30℃$：乙醇或乙醇水溶液；

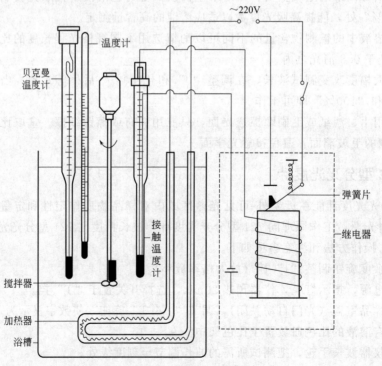

图 4.6 恒温水浴装置

② 0~90℃：水；

③ 80~160℃：甘油或甘油水溶液；

④ 70~200℃：液体石蜡、汽缸润滑油、硅油。

4.4.1 影响恒温槽灵敏度的因素

影响恒温槽灵敏度的因素很多，大体有：

① 恒温介质流动性好，传热性能好，控温灵敏度就高；

② 加热器功率适宜，热容量小，控温灵敏度就高；

③ 搅拌器搅拌速度足够大，才能保证恒温槽内温度均匀；

④ 继电器电磁吸引电键，后者发生机械作用的时间越短，断电时线圈中的铁芯剩磁越小，控温灵敏度就越高；

⑤ 电接点温度计热容小，对温度的变化敏感，则控温灵敏度高；

⑥ 环境温度与设定温度的差值越小，控温效果越好。

4.4.2 恒温槽一般使用方法

在初次使用前，应先将恒温器电源插头用万用表做一次安全检查，用测量电阻挡，测量插头相互之间是否有短路或绝缘不良现象。

① 按规定加入蒸馏水（水位离盖板为30~43mm），接通电源，开启控制箱上的电源开关及电动泵开关，使槽内的水循环对流。

② 调节恒温水浴至设定温度。

假定室温为20℃，欲设定实验温度为25℃，其调节方法如下。

先旋开水银接触温度计上端螺旋调节帽的锁定螺丝，再旋动磁性螺旋调节帽，使温度指示螺母位于低于欲设定实验温度2~3℃处（如23℃），开启加热器开关加热（为节约加热时间，最好灌入较所需恒温温度约低数度的热水），若水温与设定温度相差较大，可先用大功率加热（仪器面板上加热器开关位于"通"位置）。当水温接近设定温度时，改用小功率加热（仪器面板上加热器开关位于"加热"位置）。注视温度计的读数，当达到23℃左右时，再次旋动磁性螺旋调节帽，使触点与水银柱处于刚刚接通与断开状态（恒温指示灯时亮时灭）。此时要缓慢加热，直到温度达25℃为止，然后旋紧锁定螺丝。

③ 如需低于环境室温时，可用恒温器上的冷凝管制冷，也可外加和恒温器相同的电动水泵一只，将冷水用橡胶皮管从冷凝筒进入嘴引入至冷凝管内制冷，同时在橡皮管上加管子夹一只，以控制冷水的流量，用冷水导入制冷一般只能达到15~20℃之间并须将电加热开关关断。

恒温器加热最好选用蒸馏水，切勿使用井水、河水、泉水等硬水。若用自来水必须在每次使用后将该器内外进行清洗，防止筒壁积聚水垢而影响恒温灵敏度。

4.5 阿贝折射仪

4.5.1 2W型阿贝折射仪的使用

将2W型阿贝折射仪（图4.7）放在光亮处，但避免阳光直接曝晒。用超级恒温槽将恒温

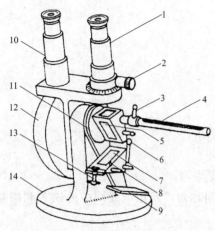

图 4.7 2W 型阿贝折射仪
1—测量望远镜；2—消色散手柄；3—恒温水入口；4—温度计；5—测量棱镜；6—铰链；7—辅助棱镜；8—加液槽；9—反射镜；10—读数望远镜；11—转轴；12—刻度盘罩；13—闭合旋钮；14—底座

水通入棱镜夹套内，其温度以折射仪上温度计读数为准。

扭开测量棱镜和辅助棱镜的闭合旋钮，并转动镜筒，使辅助棱镜斜面向上。若测量棱镜和辅助棱镜表面不清洁，可滴几滴丙酮，用擦镜纸顺时针方向轻擦镜面（不能来回擦）。

用滴管滴入 2～3 滴待测液体于辅助棱镜的毛玻璃面上（滴管切勿触及镜面），合上棱镜，扭紧闭合旋钮。若液体样品易挥发，动作要迅速，或将两棱镜闭合，从两棱镜合缝处的一个加液小孔中注入样品（特别注意不能使管折断在孔内，以致损伤棱镜镜面）。

转动镜筒使之垂直，调节反射镜使入射光进入棱镜，同时调节目镜的焦距，使目镜中十字线清晰明亮。再调节读数螺旋，目镜中呈半明半暗状态。

调节消色散棱镜至目镜中彩色光带消失，再调节读数螺旋，使明暗界面恰好落在十字线的交叉处。如此时又呈现微色散，必须重调消色散棱镜，直到明暗界面清晰为止。

从望远镜中读出标尺的数值即 n_D，同时记下温度，则 n_D^t 为该温度 t 下待测液体的折射率。每测一个样品需重测 3 次，3 次误差不超过 0.0002，然后取平均值。

测试完后，在棱镜面上滴几滴丙酮，并用擦镜纸擦干。最后用两层擦镜纸夹在两镜面间，以防镜面损坏。

对有腐蚀性的液体如强酸、强碱以及氟化物，不能使用阿贝折射仪测定。

4.5.2 2WA-J 型阿贝折射仪的使用

在开始测定前，必须先用标准试样校对读数。对折射棱镜的抛光面加 1～2 滴溴代萘，再贴上标准试样的抛光面。当读数视场指示于标准试样上之值时，观察望远镜内明暗分界线是否在十字线中间。若有偏差则用螺丝刀微量旋转图 4.8 中的偏差调节螺钉，带动物镜偏摆，使分界线位移至十字线中心，通过反复地观察与校正，使示值的起始误差降至最小（包括操作者的瞄准误差）。校正完毕后，在以后的测定过程中不允许随意再动此部位。

如果在日常的测量工作中，对所测的折射率有怀疑时，可按上述方法用标准试样进行检验，是否有起始误差，并进行校正。

每次测定工作之前及进行校准时，必须将进光棱镜的毛面、折射棱镜的抛光面及标准试样的抛光面用无水酒精与乙醚（1∶4）的混合液和脱脂棉花轻擦干净，以免留有其他物质，影响成像清晰度和测量精度。

若测定透明或半透明液体，先将被测液体用干净滴管滴加在折射棱镜表面，并将进光棱镜盖上，用手轮 10 锁紧。要求液层均匀，充满视场，无气泡。打开遮光板 3，合上反射镜 1，调节目镜视度，使十字线成像清晰，此时旋转折射率刻度调节手轮 15 并在目镜视场中找到明暗分界线的位置，再旋转色散调节手轮 6 使分界线不带任何彩色，微调折射率刻度调节手轮 15，使分界线位于十字线的中心，再适当转动照明刻度盘聚光镜 12，此时目镜视场下方显示的示值即为被测液体的折射率。

若需测量液体在不同温度时的折射率，需将温度计旋入温度计座 13 中，接上恒温器的通水管，把恒温器的温度调节到所需温度，接通循环水，待温度稳定 10min 后，即可测量。

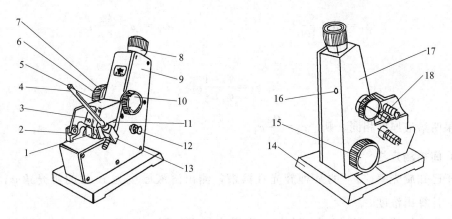

图 4.8　2WA-J 型阿贝折射仪的结构

1—反射镜；2—转轴；3—遮光板；4—温度计；5—折射率刻度调节手轮；6—色散调节手轮；7—色散值刻度圈；8—目镜；9—盖板；10—手轮；11—折射棱镜座；12—照明刻度盘聚光镜；13—温度计座；14—仪器支座；15—折射率刻度调节手轮；16—偏差调节螺钉；17—壳

4.6　旋光仪

4.6.1　旋光仪工作原理

当平面偏振光通过某些透明物质后，振动面要发生旋转，这种现象称为旋光现象。振动面被旋转的角度，称为旋光角。具有旋光性的物质，称为旋光物质，如石英、糖溶液、松节油及某些抗生素溶液等。旋光物质分为左旋和右旋两类。当观察者正对着入射光看时，若振动面向逆时针方向旋转，则称为左旋，这种物质叫做左旋物质。反之，若当观察者正对着入射光看时，若振动面向顺时针方向旋转，则称为右旋，这种物质叫做右旋物质。

对于透明的固体来说，旋光角 φ 与光透过物质的厚度 L 成正比；而对于液体来说，除了厚度之外，还与溶液的浓度 c 成正比。同时，旋转的角度，还与溶液的温度 t 以及光的波长 λ 有关。实验证明，在给定波长（单色光）和一定温度下，若旋光物质为溶液，则旋光角可由式(4.4) 表示：

$$\varphi = [\alpha]_\lambda^t \frac{c}{100} L \tag{4.4}$$

式中，$[\alpha]_\lambda^t$ 为旋光率；c 为 100mL 溶液中含有溶质的质量；L 为溶液厚度，以 dm 为单位。旋光率随不同的溶液而异。对于同一种溶液来说，它是随波长而异的常数，实验室的旋光仪常以钠光作光源，故波长已定。而温度的改变，对旋光率稍有影响，就大多数物质来讲，当温度升高 1℃ 时，旋光率约减小千分之几。

通过对旋光角的测定，可检验溶液的浓度、纯度和溶质的含量，因此旋光测定法在药物分析、医学化验和工业生产及科研等领域内有着广泛地应用。在医、药学中，常用的旋光分析方法有比较法和间接测定法。

(1) 比较法

已知浓度为 c_1 的某种旋光性溶液，其厚度为 L_1，可测出其旋光角 φ_1。要测同种未知浓度的溶液，只要测定该溶液在厚度为 L_2 时的旋光角就可计算出未知浓度。

$$\varphi_1 = [\alpha]_\lambda^t \frac{c_1}{100} L_1 \qquad \varphi_2 = [\alpha]_\lambda^t \frac{c_2}{100} L_2$$

得

$$c_2 = \frac{\varphi_2 L_1}{\varphi_1 L_2} c_1$$

如果两溶液厚度相同，则 $c_2 = \dfrac{\varphi_2}{\varphi_1} c_1$。

(2) 间接测定法

对于已知旋光率 $[\alpha]_\lambda^t$ 的某种旋光性溶液，测出溶液厚度为 L 时的旋光角 φ，就可由式(4.4)计算出浓度 c。

测定物质旋光角的仪器叫旋光仪。旋光仪外形如图 4.9 所示，其工作原理如图 4.10 所示。

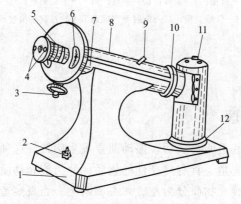

图 4.9 旋光仪外形

1—底座；2—电源开关；3—度盘转动手轮；4—读数放大镜；5—调焦手轮；6—度盘及游标；
7—镜筒；8—镜筒盖；9—镜盖手柄；10—镜盖连接图；11—灯罩；12—灯座

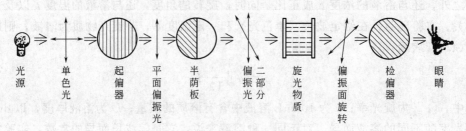

图 4.10 旋光仪的工作原理

从单色光源射出的非偏振光，经起偏器变成平面偏振光，并经过半荫板分成 P 和 P′ 两部分偏振光。当盛液玻璃管中不装旋光物质（可装蒸馏水）时，P 和 P′ 光振动矢量按原方向入射到检偏器上，并在视野中产生两部分视场。这两部分视场的光强度与检偏器透射轴的方向有关。根据马吕斯定律，只有当检偏器的透射轴方向转到P与P'夹角平分线方向时，半荫板的两半圆的光强度才相等，这时左右分界线消失，否则将出现左亮右暗或左暗右亮的现象。P与P'夹角的平分线有NN'、MM'两条，见图4.11。当检偏器透射轴处在NN'和MM'时，都能出现左右界线消失，视野亮度一致的情况。不同的是，当处于NN'方向时，视野是最昏暗的；当处于MM'方向时，视野是最明亮的。两者都可作为检偏旋转终位置的标准。不过，因为人眼对光强度最小的判别较敏感，也就是说对于左右昏暗的程度的差别更容易为眼睛所判断，因此，通常把检偏器透射轴在NN'位置（不是MM'位置）的光强度定作零度视场，并把NN'位置在无旋光物质时所对应的旋光仪读数盘的刻度作为θ_0，一般对应于仪器读数盘的零度。

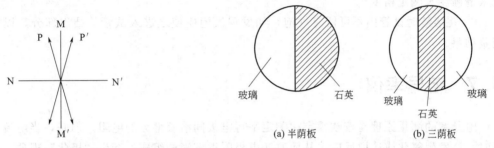

图4.11 零度视场时检偏器透射轴方向　　　图4.12 半荫板与三荫板示意图

半荫板是由一块半圆形的无旋光作用的玻璃片和一块半圆形的有旋光作用的石英板胶合而成，图4.12(a)的透光片，它的作用是帮助我们判断亮度。因要判别检偏器旋转后的亮度是否复原，就要涉及一个判别标准——亮度。若用我们的眼睛在没有对比的情况下进行判断，肯定会产生很大误差。有些旋光仪不采用半荫板，而是采用三荫板，如图4.12(b)所示，其结构是由两片石英和一片玻璃（或是由一片石英和两片玻璃）胶合而成，其原理与半荫板完全相同，不过比较的是中间的条状部分与左右两部分之间界线消失的情况。

当盛液玻璃管装入旋光物质时，光振动矢量P、P'的振动面同时旋转一个角度，见图4.11，此时视场发生了变化。为了找到新的零度视场，必须将检偏器转到新的位置θ，前后两次零度视场的读数差$(\theta-\theta_0)$即为溶液的旋光角φ。θ和θ_0的读数值可通过旋光仪的读数放大镜从读数度盘上读出。

为了清除度盘的偏心差，仪器采用双游标读数。度盘分360格，每格1°；游标分20格，等于度盘的19格，用游标可直接读到0.05°。从读数盘上分别读出左、右的刻度值θ_L和θ_R，则

$$\theta_0=(\theta_{L0}+\theta_{R0})/2 \qquad \theta=(\theta_L+\theta_R)/2$$

所以，旋转角 $\qquad\qquad\qquad \varphi=\theta-\theta_0 \qquad\qquad\qquad\qquad\qquad$ (4.5)

若$\theta_L=\theta_R$，且度盘转到任意位置都符合等式，则说明仪器没有偏心差，可以不采用对顶读数法。

4.6.2 旋光仪操作使用

① 观察旋光仪的结构、读数度盘及游标的刻度，练习游标读数及望远镜的调节。旋转检偏器观察视野亮度变化情况。

② 转动检偏器，在度盘的零度附近找到零度视场的位置，从读数盘上分别读出左、右

的刻度值 θ_{L0} 和 θ_{R0}；求得 θ_0。重复测量3次，取平均值作为零点读数。

③ 测定已知溶液的旋光率。将盛有已知浓度糖溶液的玻璃管放入旋光仪的镜筒内，转动检偏器，找出零度视场的新位置，从左、右度盘上分别读出该溶液对应的刻度值 θ_{L1} 和 θ_{R1}，求得 θ_1 值。重复3次，并记下相应的数值，求得平均值，作为所测角度。根据式(4.5)求得旋转角度 φ_1。由已知浓度 c_1 和 L_1，根据公式，可计算出糖溶液的旋光率 $[\alpha]_\lambda^t$。

旋光仪操作的注意事项有以下几点。

① 将仪器接交流电源，开启电源开关，约5min后钠光灯发光正常，才可开始工作。

② 选择长度适宜的装液试管，注满试液，装上橡皮圈，直至不漏为止。螺帽不宜旋得太紧，以免护片玻璃发生变形，影响读数准确性。然后将试管两头残余溶液擦干，以免影响观察清晰度及测定精度。

③ 装溶液时试管内不可留有气泡，如发现气泡应使之进入试管的凸出部分，以免影响测量结果。

4.7 电导率仪

电导率的测量原理是按欧姆定律测定平行电极间溶液部分的电阻。但是，当电流通过电极时，会发生氧化或还原反应，从而改变电极附近溶液的组成，产生"极化"现象，从而引起电导测量的严重误差。为此，采用高频交流电测定法，可以减轻或消除上述极化现象，因为在电极表面的氧化和还原反应迅速交替进行，其结果可以认为没有氧化或还原反应发生。

电导率仪由电导电极和电子单元组成。电子单元采用适当频率的交流信号的方法，将信号放大处理后换算成电导率。仪器中还配有与传感器相匹配的温度测量系统、能补偿到标准温度电导率的温度补偿系统、温度系数调节系统以及电导池常数调节系统，此外，还有自动换挡功能等。

4.7.1 电导率仪工作原理

根据欧姆定律，一个截面积为 A，长度为 L 的导体，其纵向电阻为：
$$R = \rho L / A \tag{4.6}$$

式中，ρ 为导体的电导率，其大小与导体的性质、温度等有关。电导率（κ 值）是电阻率的倒数 $1/\rho$。

水溶液依靠其中带电离子的移动传导电流，因此，水溶液的 κ 值与其所含带电离子（杂质）的数量有关。在完全纯净的水中，只有极少量的带电离子，其 κ 值约为 $5.6 \times 10^{-2} \mu S \cdot cm^{-1}$，一般纯水（蒸馏水或去离子水）的 κ 值要高1~2个数量级，为 $0.5 \sim 10 \mu S \cdot cm^{-1}$ 范围，而含有较多杂质水体的 κ 值可达数千 $\mu S \cdot cm^{-1}$。

水溶液 κ 值的测量需利用一对相互平行、具面积和间距已知的电极，一般称为电导测量电极，简称电导电极。当电导电极浸入溶液时，在两电极层的水溶液构成传导电流的导体。设电极的有效截面积为 A，间距为 L，两电极间水溶液的电阻为 R。根据 κ 值的定义，溶液的 κ 值可简单地由下式算出：
$$\kappa = 1/\rho = (L/A) \times 1/R = Q/R \tag{4.7}$$

依据上述原理设计的测量仪器称为电导率仪。电导率仪主要由电导电极和电阻测量单元两部分组成。图4.13是电导率仪的电路原理图。

图 4.13 的左半部分是由电导电极（R_x）、高频交流电源（O）和量程电阻（R_m）相互串联构成的测量回路，而右半部分则是由量程电阻（R_m）、放大电路（Amp）和显示仪表（M）构成放大显示回路。电导电极的两个测量电极板平等地固定在一个玻璃杯内，以保持两电极间的距离和位置不变，这样，电极的有效截面积 A 及其间距 L 均为定值。

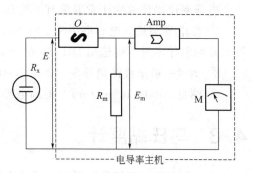

图 4.13 κ 值测量仪器的电路原理图

根据式(4.7)可以准确得知 Q 值，Q 称为电导电极的电极常数。测量过程中为了减少由于溶液内离子成分向电极表面聚集而形成的极化效应，测量电导池电阻时，往往使用高频交流电源。

当高频交流电源工作时，在电导电极和量程电阻两端分别产生电位差 E 和 E_m 则 R_x 可由下式求出：

$$R_x = E \times R_m / E_m$$

Q、R_m 和 E（实际上是由高频交流电源提供的 $E+E_m$）均为已知常数。测量过程中溶液 κ 值的变化（即 R_x 的变化）会引起电导率仪测量回路中 E_m 的变化，该信号经放大电路放大、整流后，通过显示仪表显示出来，即实现了对溶液 κ 值的测量。目前，市场上出售的各种电导率仪，尽管外观各异，测量原理基本上均如上述。

4.7.2 电导率仪操作使用

① 接通电源前观察表头指针是否指零，若有偏差调节表头下方凹孔，使其恰指零。

② 接通电源，仪器预热 10min。

③ 将电极浸入被测溶液（或水）中，须确保电极片浸没，将电极插头插入插座。

④ 调节"常数"钮，使其与电极常数标称值一致。如所用电极的常数为 0.98，则把"常数"钮白线对准"0.98"刻度线处。

⑤ 将"量程"置在合适的倍率挡上，若事先不知被测液体电导率高低，可先于较大的电导率挡，再逐挡下降，以防表头针打弯。

⑥ 将"校正-测量"开关置于"校正"位，调"校正"电位器使表针指满度值 1.0。

⑦ 将"校正-测量"开关置于"测量"位，表针指示数乘以"量程"倍率即为溶液电导率。

例如，测纯水时"量程"置于×0.1（红）挡，指示值为 0.56，则被测电导率为 $0.56 \times 0.1 = 0.056 \mu S \cdot cm^{-1}$；"量程"置 ×10² 挡，指示值为 0.5，则被测值为 $0.5 \times 10^2 = 51 \mu S \cdot cm^{-1}$。

⑧ "量程"置黑（B）挡，则读数为表面上行刻度 0～1。"量程"置红（R）挡，则读数为下行刻度。

⑨ 当溶液电导率大于 $10^4 \mu S \cdot cm^{-1}$（电阻少于 100Ω），即高电导测量时，请用 DJS-10 型电极（需要时另购），这时"常数"钮调在常数标称值 1/10 位置上。例如，所用电极常数为 10.4，使"常数"钮置"1.04"，被测值＝指示数×倍率×10。

⑩ 本仪器可长时间连续使用，可将输出讯号接记录仪进行连续监测。

电导率仪操作时的注意事项有下述几方面。

① 低电导测量（电导率小于 $100\mu S\cdot cm^{-1}$），如测量纯水、锅炉水、去离子水、矿泉水等水质的电导率时，请选用 DJS-1C 型光亮电极。

② 测量一般溶液的电导率（$30\sim3000\mu S\cdot cm^{-1}$），请采用 DJS-1C 型铂黑电极。

③ 测量 $3000\sim10^4\mu S\cdot cm^{-1}$ 的高电导溶液时，应使用常数为"10"的铂黑电极。

4.8 乌氏黏度计

流体黏度是对相邻流体层以不同速度运动时所存在内摩擦力的一种量度。黏度分绝对黏度和相对黏度。

绝对黏度有两种表示方法：动力黏度和运动黏度。动力黏度是指当单位面积的流层以单位速度相对于单位距离的流层流出时所需的切向力，用希腊字母 η 表示黏度系数（俗称黏度），其单位是帕斯卡秒，用符号 $Pa\cdot s$ 表示。运动黏度是液体的动力黏度与同温度下该液体的密度 ρ 之比，用符号 ν 表示，其单位是平方米每秒（$m^2\cdot s^{-1}$）。相对黏度是指某液体黏度与标准液体黏度之比，无量纲。

当流体受外力作用产生流动时，在流动着的液体层之间存在着切向的内部摩擦力，如果要使液体通过管子，必须消耗一部分功来克服这种流动的阻力。在流速低时，管子中的液体沿着与管壁平行的直线方向前进，最靠近管壁的液体实际上是静止的，与管壁距离越远，流动的速度也越大。流层之间的切向力 f 与两层间的接触面积 A 和速度差 Δv 成正比，而与两层间的距离 Δx 成反比：$f/A=\eta\Delta v/\Delta x$。

式中，η 是比例系数，称为液体的黏度系数，简称黏度。

高聚物摩尔质量不仅反映了高聚物分子的大小，而且直接关系到它的物理性能，是个重要的基本参数。与一般的无机物或低分子的有机物不同，高聚物多是摩尔质量大小不同的大分子混合物，所以通常所测高聚物摩尔质量是一个统计平均值。

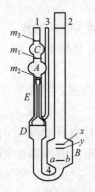

图 4.14 乌氏黏度计
1—主管；2—宽管；3—支管；4—弯管；A—测定球；B—贮器；C—缓冲球；D—悬挂水平贮器；E—毛细管；x，y—充液线；m_1，m_2—环形测定线；m_3—环形刻线；a，b—刻线

化学实验室常用玻璃毛细管黏度计测量液体黏度。此外，恩格勒黏度计、落球式黏度计、旋转式黏度计等也广泛使用。毛细管黏度计有乌氏黏度计（见图 4.14）和奥氏黏度计两种。这两种黏度计比较精确，使用方便，适合于测定液体黏度和高聚物相对摩尔质量。

直接由实验测定液体的绝对黏度是比较困难的。通常采用测定液体对标准液体（如水）的相对黏度，已知标准液体的黏度就可以标出待测液体的绝对黏度。测定高聚物摩尔质量的方法很多，而不同方法所得平均摩尔质量也有所不同。比较起来，黏度法设备简单，操作方便，并有很好的实验精度，是常用的方法之一。用该法求得的摩尔质量称为黏均摩尔质量。

乌氏黏度计操作使用步骤见下述。

① 取出乌氏黏度计，按照规定制成一定浓度的溶液，用 3 号垂熔玻璃漏斗滤过，弃去初滤液（约 1mL）。

② 取续滤液（不得少于 7mL）沿洁净、干燥乌氏黏度计的宽管 2 内壁注入贮器 B 中，

将黏度计垂直固定于恒温水浴［水浴温度除另有规定外，应为（25.00±0.05）℃］中，并使水浴的液面高于缓冲球 C，放置 15min。

③ 将主管口 1、支管口 3 各接一段乳胶管，夹住支管口 3 的胶管，自主管口 1 处抽气，使供试品溶液的液面缓缓升高至球 C 的中部，先开放支管口 3，再开放主管口 1，使供试品溶液在管内自然下落，用秒表准确记录液面自环形测定线 m_1 下降至环形测定线 m_2 处的流出时间。

④ 重复测定 2 次，两次测定值相差不得超过 0.1s，取两次的平均值为供试液的流出时间 t。

⑤ 取经 3 号垂熔玻璃漏斗滤过的溶剂同样操作，重复测定 2 次，两次测定值应相同，为溶剂的流出时间 t_0。

乌氏黏度计使用注意事项见下述。

① 黏度计必须洁净，先用经 2 号砂芯漏斗过滤过的洗液浸泡一天。如用洗液不能洗干净，则改用 5% 氢氧化钠乙醇溶液浸泡，再用水冲净，直至毛细管壁不挂水珠，洗干净的黏度计置于 110℃ 的烘箱中烘干。

② 黏度计应垂直固定在恒温槽内，因为倾斜会造成液位差变化，引起测量误差，同时会使液体流经时间 t 变大。

③ 黏度计使用完毕，立即清洗，特别是测高聚物时，要注入纯溶剂浸泡，以免残存的高聚物粘结在毛细管壁上而影响毛细管孔径，甚至堵塞。清洗后，在黏度计内注满蒸馏水并加塞，防止落进灰尘。

④ 液体的黏度与温度有关，一般要求温度变化不超过±0.3℃。

⑤ 毛细管黏度计的毛细管内径选择，可根据所测物质的黏度而定。毛细管内径太细，容易堵塞，太粗测量误差较大。一般选择测水时流经毛细管的时间大于 100s，在 120s 左右为宜。

第5章 实 验

5.1 无机及分析化学实验

实验1 一般溶液的配制

【实验目的】
1. 掌握一般溶液和标准溶液的配制方法及基本操作。
2. 学会容量瓶、量筒的使用方法。
3. 掌握台秤、分析天平的使用。

【仪器与试剂】

1. 仪器

烧杯；量筒；容量瓶；分析天平。

2. 试剂

$CuSO_4 \cdot 5H_2O$；$NaOH$；H_2SO_4；$H_2C_2O_4 \cdot 2H_2O$。

【实验内容】

配制表5.1中所列的四种不同浓度的溶液各250mL，并记录实验原始数据。

表5.1 溶液的配置

溶 液	溶液浓度/mol·L^{-1}	溶质	分子量/g·mol^{-1}	实际量取/g,mL
NaOH	2	NaOH		
$CuSO_4$	0.2	$CuSO_4 \cdot 5H_2O$		
H_2SO_4	3	浓 H_2SO_4	$\rho=1.84 \text{g·mL}^{-1}$	
$H_2C_2O_4$	0.05	$H_2C_2O_4 \cdot 2H_2O$		

【注意事项】
1. 溶液的转移及保存。

2. 容量瓶、量筒的使用要小心。
3. 浓酸和浓碱具有强腐蚀性,使用时要特别小心。

【思考题】
1. 配制硫酸溶液时应注意什么问题?
2. 用容量瓶配溶液时,要不要先将容量瓶干燥?容量瓶能否烘干?

实验 2　化学反应焓变的测定

【实验目的】
1. 了解测定化学反应焓变的原理和方法。
2. 学习移液管、容量瓶的使用方法,掌握配制标准浓度溶液的方法。
3. 学习用作图外推的方法处理实验数据。

【实验原理】

在恒压条件下进行的化学反应,其反应热效应称为恒压反应热 Q_p,根据化学热力学可知,反应焓变 ΔH 在数值上与 Q_p 相等,故可用量热的方法来测定恒压反应的焓变。

本实验是测定常压下锌粉与硫酸铜的反应,即

$$Zn + CuSO_4 = Cu + ZnSO_4$$

的反应焓变。这是一个放热反应,即 $\Delta H < 0$。使该反应在保温杯式量热计中进行,如图 5.1 所示,则放出的热量一部分使量热计中溶液温度升高,一部分为量热计吸收,因此有如下关系:

$$\Delta H = \frac{-[\Delta TCV\rho + \Delta TC_{lr}]}{n} \tag{1}$$

式中,ΔH 为反应焓变,$J \cdot mol^{-1}$;C 为溶液的比热,$J \cdot K^{-1} \cdot mol^{-1}$;$V$ 为 $CuSO_4$ 溶液的体积,mL;ρ 为溶液的密度,$g \cdot mL^{-1}$;n 为体积为 V 的溶液中含 $CuSO_4$ 的物质的量,mol;C_{lr} 为量热计的热容,$J \cdot K^{-1}$。

因量热计的热容很小,本实验中忽略不计,则

$$\Delta H = \frac{-\Delta TCV\rho}{n} \tag{2}$$

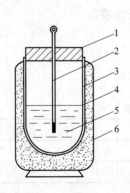

图 5.1　保温杯式量热计
1—泡沫塑料盖;2—温度计;3—真空隔热层;
4—隔热材料;5—溶液;6—外壳

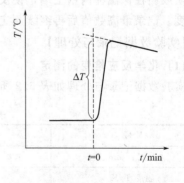

图 5.2　图解法外推体系温度的变化

由于反应后的温度需要一些时间才能升到最高数值,而本实验所用简易量热计又非严格绝热体系,因此在这段时间里,量热计不可避免地会与环境发生少量热交换。为矫正这些因素对 ΔT 的测量所造成的偏差,需用图解法外推出体系温度变化的 ΔT。以测得的温度为纵坐标、时间为横坐标描得图5.2,按虚线外推导反应刚开始时的 ΔT。这样外推得到的 ΔT 能比较真实地反映由于反应热损失而引起的温差。

【仪器与试剂】

1. 仪器

台秤;分析天平;保温杯式量热计;温度计(0~50℃,具有0.1℃分度);容量瓶(250mL);移液管(100mL);洗耳球;玻璃棒;烧杯(100mL);洗瓶;秒表。

2. 试剂

$CuSO_4 \cdot 5H_2O$(A.R.);锌粉(C.P.)。

【实验内容】

1. 配制准确浓度的 $CuSO_4$ 溶液

算出配制 250mL 0.2mol·L^{-1} $CuSO_4$ 溶液所需 $CuSO_4 \cdot 5H_2O$ 的质量,用分析天平称取 $CuSO_4 \cdot 5H_2O$ 固体。在盛有已称好的 $CuSO_4 \cdot 5H_2O$ 烧杯中,加入约 20mL 蒸馏水,用玻璃棒搅拌,使 $CuSO_4 \cdot 5H_2O$ 完全溶解,将此溶液沿着玻璃棒注入洁净的 250mL 容量瓶中,再用少量蒸馏水淋洗烧杯及玻璃棒数次,将所用蒸馏水均注入容量瓶中,最后加蒸馏水至容量瓶刻度处,塞好瓶塞,将瓶内溶液混合均匀。

2. 化学反应焓变的测定

(1) 用台秤称取 3g 锌粉。

(2) 用少量配制好的 $CuSO_4$ 溶液洗涤洁净的 100mL 移液管 2~3 次,然后精确移取 100mL $CuSO_4$ 溶液,注入已经用水洗净并擦干的保温杯式量热计中。在软木塞中插入 0.1℃分度的温度计,盖好盖子。

(3) 均匀地摇动保温杯式量热计,每隔 30s 记录一次温度,至温度保持恒定(一般约 3min)。

(4) 迅速向溶液中加入 3g 锌粉,立即盖好盖子,并不断均匀摇动(动作要快,以免锌粉结块或黏在保温杯内壁上端,使反应不完全,造成温度上升缓慢),继续每隔 30s 记录一次温度。记录最高数值后再继续测定至少 5min,并记录温度。

【实验数据记录与处理】

(1) 化学反应焓变的测定

实验数据记录与处理如表 5.2 所示。

表 5.2 反应温度的测定

阶段	加锌粉前	加锌粉后
时间 t/min	1.0 1.5 2.0 2.5 3.0	4.0 4.5 5.0 5.5 6.0 6.5 7.0 …
温度 T/K		

室温 $T=$_____ K,$CuSO_4 \cdot 5H_2O$ 的质量_____ g,$CuSO_4$ 溶液浓度_____ mol·L^{-1}。

(2) 外推法作图求 ΔT

用记录的温度 T 对时间 t 作图,外推法求出 ΔT,代入式(2)计算反应焓变。可以取

$C=4.18\text{J}\cdot\text{K}^{-1}\cdot\text{mol}^{-1}$,$\rho=1.0\text{g}\cdot\text{mL}^{-1}$。

(3) 误差分析

$$\text{相对误差}=\frac{\Delta H_{\text{实验值}}-\Delta H_{\text{理论值}}}{\Delta H_{\text{理论值}}}\times 100\%$$

式中，$\Delta H_{\text{理论值}}=\Delta H_{(298.15\text{K})}=-218.6\text{kJ}\cdot\text{mol}^{-1}$。

【思考题】

1. 如何配制 250mL 0.200mol·L^{-1} CuSO$_4$ 溶液？操作中有哪些注意之处？
2. 实验中所用锌粉为何只需用台秤称取；而对 CuSO$_4$ 溶液的浓度则要求比较精确？
3. 为什么不取反应后溶液的最高温度与反应物刚混合时的温度之差，作为实验中测定的 ΔT 数值；而要采用外推法作图求得？作图与外推时有哪些应注意之处？
4. 如何根据实验结果计算反应焓变的数值？哪些是实验测定中的关键量？如何分析实验中可能产生的误差？为什么本实验测定结果通常产生负误差？

实验3 化学反应速率的测定

【实验目的】

1. 了解浓度、温度和催化剂对化学反应速率的影响。
2. 测定过二硫酸铵氧化碘化钾反应速率的方法及实验数据的处理方法。
3. 练习水浴中的恒温操作。

【实验原理】

在水溶液中，过二硫酸铵可以氧化碘化钾，反应的离子方程式为：

$$\text{S}_2\text{O}_8^{2-}+3\text{I}^-=\!=\!=2\text{SO}_4^{2-}+\text{I}_3^- \tag{1}$$

反应生成的 I_3^- 如遇淀粉会使溶液呈现特有的蓝色。该反应进行得比较缓慢，其反应速率与反应物浓度的关系可用下式表示：

$$v=\frac{-\Delta c_{\text{S}_2\text{O}_8^{2-}}}{\Delta t}=kc_{\text{S}_2\text{O}_8^{2-}}^m c_{\text{I}_3^-}^n \tag{2}$$

式中，$\Delta c_{\text{S}_2\text{O}_8^{2-}}$ 为 Δt 时间内 $\text{S}_2\text{O}_8^{2-}$ 的浓度变化，$c_{\text{S}_2\text{O}_8^{2-}}$ 和 $c_{\text{I}_3^-}$ 分别为 $\text{S}_2\text{O}_8^{2-}$ 和 I_3^- 的起始浓度。

由式(2)可知，要测反应 (1) 的反应速率，可先测出一定时间 Δt 内 $\text{S}_2\text{O}_8^{2-}$ 的浓度变化。为此，实验中在使 (NH$_4$)$_2$S$_2$O$_8$ 溶液与 KI 溶液混合前，先加入一定体积已知浓度的 Na$_2$S$_2$O$_3$ 溶液和作为指示剂的淀粉溶液。这样，在反应（1）开始进行的同时还进行如下反应：

$$2\text{S}_2\text{O}_3^{2-}+\text{I}_3^-=\!=\!=\text{S}_4\text{O}_6^{2-}+3\text{I}^- \tag{3}$$

这是个进行得很迅速、几乎可在瞬间完成的反应，它使反应（1）所生成的 I_3^- 又迅速变成 I^-，因此，在反应（1）的开始阶段，看不到 I_3^- 与淀粉作用而显现的蓝色；而一旦所加入的 Na$_2$S$_2$O$_3$ 耗尽，反应（1）生成的 I_3^- 立即与淀粉作用，使溶液变蓝。

由反应（1）、反应（3）可以看出：

$$\Delta c_{\text{S}_2\text{O}_8^{2-}}=\frac{1}{2}\Delta c_{\text{S}_2\text{O}_3^{2-}} \tag{4}$$

由反应开始到溶液变蓝色所需要的时间 Δt 是可以测出的，因 Na$_2$S$_2$O$_3$ 耗尽，所以，

Δt 时间内的 $\Delta c_{S_2O_3^{2-}}$ 实际上等于反应开始时 $Na_2S_2O_3$ 的起始浓度,这可以根据其加入量得知,因此便可由(2)、(4)两式的关系求出反应(1)的化学反应速率。

其他条件相同,在不同的反应物浓度情况下,测出一系列反应速率,便可研究浓度对化学反应速率的影响,并求出反应级数和反应速率常数。

其他条件相同,在不同的反应温度下,测量一系列反应速率,可以了解温度对化学反应速率的影响,并求算反应的活化能。

对比催化剂加入前后的反应速率,可以观察催化剂改变化学反应速率的作用。

【仪器与试剂】

1. 仪器

锥形瓶(150mL,5只);量筒(10mL,2只;25mL,4只);大试管;水浴锅;秒表;温度计。

2. 试剂

$(NH_4)_2S_2O_8$ ($0.2mol·L^{-1}$);KI ($0.2mol·L^{-1}$);$Na_2S_2O_3$ ($0.01mol·L^{-1}$);淀粉水溶液(0.2%);KNO_3 ($0.2mol·L^{-1}$);$(NH_4)_2SO_4$ ($0.2mol·L^{-1}$);冰块;$Cu(NO_3)_2$ ($0.02mol·L^{-1}$)。

【实验内容】

1. 浓度对化学反应速率的影响

在室温下,用量筒(注意每一试剂所用的量筒都应贴上相应标签,以免混用)准确量取 20mL $0.2mol·L^{-1}$ KI 溶液、8mL $0.01mol·L^{-1}$ $Na_2S_2O_3$ 溶液和 4mL 0.2%淀粉溶液,在 150mL 锥形瓶中混合均匀。然后用量筒准确量取 20mL $0.2mol·L^{-1}$ $(NH_4)_2S_2O_8$ 溶液,迅速加入锥形瓶中,同时启动秒表,并不断振荡溶液,注意观察颜色变化,待溶液刚出现蓝色时,立即停止计时。将反应时间计入表 5.3 中。

用同样方法按表 5.3 中的用量进行另外四次实验(实验编号 2~5)。为使每次实验中溶液离子强度和溶液总体积保持不变,所减少的 KI 或 $(NH_4)_2S_2O_8$ 溶液的用量分别用 $0.2mol·L^{-1}$ KNO_3 溶液和 $0.2mol·L^{-1}$ $(NH_4)_2SO_4$ 溶液来补充。

表 5.3 浓度对反应速率的影响(室温_____℃)

	实 验 编 号	1	2	3	4	5
试剂用量/mL	$0.2mol·L^{-1}(NH_4)_2S_2O_8$ 溶液	20	10	5	20	20
	$0.2mol·L^{-1}$ KI 溶液	20	20	20	10	5
	$0.01mol·L^{-1}$ $Na_2S_2O_3$ 溶液	8	8	8	8	8
	0.2%淀粉溶液	4	4	4	4	4
	$0.2mol·L^{-1}$ KNO_3 溶液	0	0	0	10	15
	$0.2mol·L^{-1}$ $(NH_4)_2SO_4$ 溶液	0	10	15	0	0
52mL溶液中试剂的起始浓度/mol·L^{-1}	$(NH_4)_2S_2O_8$					
	KI					
	$Na_2S_2O_3$					
反应时间 Δt/s						
反应速率 v/mol·$L^{-1}·s^{-1}$						
反应速率常数 k						

2. 温度对反应速率的影响

按表 5.3 中实验编号 4 中的用量，把 KI、$Na_2S_2O_3$、KNO_3 三种溶液和 0.2%淀粉水溶液加到 150mL 锥形瓶中，混合均匀；把量好的 $(NH_4)_2S_2O_8$ 溶液加入大试管中，并把它们同时放在冰水浴中冷却。待两种试液均冷却到 0℃（或 0℃附近的某较低温度）时，把 $(NH_4)_2S_2O_8$ 溶液迅速倒入锥形瓶中，并立即开始计时，不断振荡溶液，并保持温度恒定。当溶液刚出现蓝色时，停止计时。将反应温度与反应时间计入表 5.4。

表 5.4　温度对反应速率的影响（试剂用量同实验编号 4）

实　验　编　号	6	7	8
反应温度/℃			
反应时间 Δt/s			
反应速率 v/mol·L^{-1}·s^{-1}			
反应速率常数 k			

3. 催化剂对反应速率的影响

按表 5.3 中实验编号 4 中的用量量取各试剂，在最后加入 $(NH_4)_2S_2O_8$ 溶液之前，先加入两滴 0.02mol·L^{-1} $Cu(NO_3)_2$ 溶液，摇匀，然后再加入 $(NH_4)_2S_2O_8$ 溶液开始反应，记录反应时间于表 5.5 中。

表 5.5　催化剂对反应速率的影响（试剂用量同实验编号 4）

实　验　编　号	加入 0.02mol·L^{-1} $Cu(NO_3)_2$ 溶液的滴数	反应时间 Δt/s
9（即 4）	0	
10	2	

【实验数据记录与处理】

（1）根据试剂用量、反应时间及式(2)、式(4)计算各次实验的反应速率。

（2）反应级数的计算。

有许多方法可以计算反应级数，例如：较粗略地计算时，可将表中实验编号 1 和 2（或实验编号 1 和 3）的结果代入式(2)，可得：

$$\frac{v_1}{v_2} = \frac{kc_{(S_2O_8^{2-})_1}^m c_{(I^-)_1}^n}{kc_{(S_2O_8^{2-})_2}^m c_{(I^-)_2}^n}$$

由于 $c_{(I^-)_1} = c_{(I^-)_2}$，而 k 为常数，故 $\frac{v_1}{v_2} = \frac{c_{(S_2O_8^{2-})_1}^m}{c_{(S_2O_8^{2-})_2}^m}$，这里 v_1、v_2、$c_{(S_2O_8^{2-})_1}$ 和 $c_{(S_2O_8^{2-})_2}$ 均为已知数，故可求得反应对 $S_2O_8^{2-}$ 的反应级数 m。同理由实验编号 1 和 4 可求出反应对 I^- 的反应级数 n，从而求出反应总级数 $(m+n)$。

（3）由式(2)及各次实验的结果可求出反应速率常数 k，并求出室温 k 的平均值。

（4）活化能的计算。

由阿仑尼乌斯公式可知：

$$\lg k = \frac{-E_a}{2.303R} \cdot \frac{1}{T} + \lg A$$

式中，A 为常数，R 为摩尔气体常数，E_a 为活化能。以不同温度下的 $\lg k$ 对 $\dfrac{1}{T}$ 作图得一直线，其斜率应为 $\dfrac{-E_a}{2.303R}$，从而可求出 E_a。

(5) 根据实验结果，总结浓度、温度和催化剂是如何影响反应速率的。

【思考题】

1. 本实验用什么方法确定一定时间内 $S_2O_8^{2-}$ 浓度的变化？
2. 为什么向混合溶液中加 $(NH_4)_2S_2O_8$ 溶液必须迅速倒入？

实验 4　pH 法测定醋酸的解离常数

【实验目的】

1. 了解 pH 法测定醋酸解离常数的原理和方法。
2. 加深对弱电解质解离平衡的理解。
3. 学习酸度计的正确使用方法。
4. 进一步熟悉玻璃仪器的基本操作。

【实验原理】

醋酸（常简写作 HAc）是一元弱酸，在水溶液中存在下列解离平衡：

$$\text{HAc(aq)} \rightleftharpoons \text{H}^+(\text{aq}) + \text{Ac}^-(\text{aq}) \tag{1}$$

根据其解离平衡，可推导出下列等式：

$$K_a = \frac{[\text{H}^+][\text{Ac}^-]}{[\text{HAc}]} \tag{2}$$

由于 HAc 解离度 $\alpha = [\text{H}^+]/c$，则有：

$$K_a = \frac{c\alpha^2}{1-\alpha} \tag{3}$$

在一定温度下，用酸度计（又称 pH 计）测定一系列已知浓度的 HAc 溶液的 pH 值，按 $\text{pH} = -\lg[\text{H}^+]$ 计算出 $[\text{H}^+]$。再由公式 $\alpha = [\text{H}^+]/c$ 与式(3)即可得到对应的解离度 α 和解离常数 K_a 的值。

【仪器与试剂】

1. 仪器

酸度计；玻璃电极；饱和甘汞电极（也可用复合电极代替玻璃电极和饱和甘汞电极）；酸式、碱式滴定管（50mL）；烧杯（100mL）若干。

2. 试剂

HAc 标准溶液（$0.1000\text{mol} \cdot \text{L}^{-1}$）；NaAc 标准溶液（$0.1000\text{mol} \cdot \text{L}^{-1}$）。

【实验内容】

1. 不同浓度 HAc 溶液的配制

将实验室备有编号的小烧杯 1~5。按照表 5.6 所列数据，用 2 支滴定管分别在 1~4 号烧杯中准确加入一定体积的 HAc 标准溶液和去离子水，混合均匀。

2. 缓冲溶液的配制

用 2 支滴定管在 5 号烧杯中准确加入 25.00mL HAc 标准溶液和 25.00mL NaAc 标准溶液，混合均匀。

3. 溶液 pH 值的测定

用酸度计由稀到浓分别依次测量 1～4 号烧杯中溶液的 pH 值，仔细洗净电极后再测量 5 号烧杯中溶液的 pH 值。

【实验数据记录与处理】

HAc 解离常数的实验数据记录与处理如表 5.6 所示。

表 5.6　HAc 解离常数的测定（测定温度＝_____℃）

烧杯编号	HAc 标准溶液的体积/mL	去离子水的体积/mL	配制的 HAc 标准溶液的浓度/mol·L^{-1}	pH	α/%	解离常数 K_a 测定值	平均值	pK_a
1	5.00	45.00						
2	10.00	40.00						
3	25.00	25.00						
4	50.00	0.00						
5	25.00	25.00 mL 0.1000 mol·L^{-1} NaAc						

【思考题】

1. 实验中所用烧杯是否要用 HAc 标准溶液润洗？
2. 通过测定等浓度 HAc 和 NaAc 混合溶液的 pH 值来确定 HAc 解离常数，其基本原理是什么？
3. 测量 HAc 解离常数所用的 HAc 溶液浓度大点好还是小点好？请说明理由。
4. 测定不同浓度的 HAc 溶液的 pH 值时，为什么要按照由稀到浓的顺序进行？
5. 本实验中如何保护电极？

实验 5　解离平衡和沉淀反应

【实验目的】

1. 掌握并验证同离子效应对弱电解质解离平衡的影响。
2. 学习缓冲溶液的配制，并验证其缓冲作用。
3. 掌握并验证浓度、温度对盐类水解平衡的影响。
4. 了解沉淀的生成和溶解条件以及沉淀的转化。

【实验原理】

弱电解质溶液中加入含有相同离子的另一种强电解质时，使弱电解质的解离程度降低，这种效应称为同离子效应。弱酸及其盐或弱碱及其盐的混合溶液，当将其稀释或在其中加入少量的酸或碱时，溶液的 pH 值改变很少，这种溶液称作缓冲溶液。缓冲溶液的 pH 值（以 HAc 和 NaAc 为例）可用下式计算：

$$\mathrm{pH} = \mathrm{p}K_a^{\ominus} - \lg \frac{c_{酸}}{c_{盐}} = \mathrm{p}K_a^{\ominus} - \lg \frac{c_{\mathrm{HAc}}}{c_{\mathrm{Ac^-}}}$$

在难溶电解质的饱和溶液中，未溶解的难溶电解质和溶液中相应的离子之间建立了多相离子平衡。例如在 PbI$_2$ 饱和溶液中，建立了如下平衡：

$$\mathrm{PbI_2（固）} \rightleftharpoons \mathrm{Pb^{2+}} + 2\mathrm{I^-}$$

其平衡常数的表达式为 $K_{sp}^{\ominus}=c_{Pb^{2+}} \cdot c_{I^-}^2$，称为溶度积。

根据溶度积规则可判断沉淀的生成和溶解，当将 Pb(Ac)$_2$ 和 KI 两种溶液混合时，如果：

$c_{Pb^{2+}} \cdot c_{I^-}^2 > K_{sp}^{\ominus}$，则溶液过饱和，有沉淀析出；

$c_{Pb^{2+}} \cdot c_{I^-}^2 = K_{sp}^{\ominus}$，则为饱和溶液；

$c_{Pb^{2+}} \cdot c_{I^-}^2 < K_{sp}^{\ominus}$，则溶液未饱和，无沉淀析出。

使一种难溶电解质转化为另一种难溶电解质，即把一种沉淀转化为另一种沉淀的过程称为沉淀的转化。对于同一种类型的沉淀，溶度积大的难溶电解质易转化为溶度积小的难溶电解质；对于不同类型的沉淀，能否进行转化，要具体计算溶解度。

【仪器与试剂】

1. 仪器

试管；牛角匙；小烧杯（100mL）；量筒。

2. 试剂

HAc（0.1mol·L^{-1}）；HCl（0.1mol·L^{-1}，2mol·L^{-1}）；NH$_3$·H$_2$O（0.1mol·L^{-1}，2mol·L^{-1}）；NaOH（0.1mol·L^{-1}）；NH$_4$Ac（s）；NaAc（0.1mol·L^{-1}）；NH$_4$Cl（1mol·L^{-1}）；BiCl$_3$（0.1mol·L^{-1}）；MgSO$_4$（0.1mol·L^{-1}）；ZnCl$_2$（0.1mol·L^{-1}）；Pb(Ac)$_2$（0.01mol·L^{-1}）；Na$_2$S（0.1mol·L^{-1}）；KI（0.02mol·L^{-1}）；酚酞；甲基橙；pH试纸；Fe(NO$_3$)$_3$·9H$_2$O。

【实验内容】

1. 同离子效应和缓冲溶液

(1) 在试管中加入 2mL 0.1mol·L^{-1} NH$_3$·H$_2$O 溶液，再加入一滴酚酞溶液，观察溶液颜色；再加入少量 NH$_4$Ac 固体，摇动试管使其溶解，观察溶液颜色的变化。

(2) 在试管中加入 2mL 0.1mol·L^{-1} HAc 溶液，加入一滴甲基橙，观察溶液颜色；再加入少量 NH$_4$Ac 固体，摇动试管使其溶解，观察溶液颜色的变化。

(3) 在烧杯中加入 10mL 0.1mol·L^{-1} HAc 溶液和 10mL 0.1mol·L^{-1} NaAc 溶液，搅匀，用 pH 试纸测定 pH 值。然后将此溶液分成两份，一份加入 10 滴 0.1mol·L^{-1} HCl 溶液，测其 pH 值；另一份加入 10 滴 0.1mol·L^{-1} NaOH 溶液，测其 pH 值。于另一烧杯中加入 10mL 去离子水，重复上述实验。

2. 盐类的水解和影响水解的因素

(1) 酸度对水解平衡的影响　在试管中加入 2 滴 0.1mol·L^{-1} BiCl$_3$ 溶液，加入 1mL 去离子水，观察沉淀的产生。再向沉淀中滴加 2mol·L^{-1} HCl 溶液至沉淀刚好消失。

$$BiCl_3 + H_2O \rightleftharpoons BiOCl\downarrow + 2HCl$$

(2) 温度对水解平衡的影响　取绿豆大小的 Fe(NO$_3$)$_3$·9H$_2$O 晶体，用少量蒸馏水溶解后，将溶液分成两份，第一份留作比较，第二份用小火加热煮沸。观察溶液变化，说明温度对水解的影响。

3. 沉淀的生成和溶解

(1) 在试管中加入 1mL 0.1mol·L^{-1} MgSO$_4$ 溶液，加入 2mol·L^{-1} NH$_3$·H$_2$O 溶液数滴，思考生成的沉淀为何种物质；再向此溶液中加入 1mol·L^{-1} NH$_4$Cl 溶液，观察沉淀是

否溶解。解释观察到的现象，写出相关反应式。

（2）取 2 滴 0.1mol·L^{-1} ZnCl$_2$ 溶液加入试管中，加入 2 滴 0.1mol·L^{-1} Na$_2$S 溶液，观察沉淀的生成和颜色；再在试管中加入数滴 2mol·L^{-1} HCl，观察沉淀是否溶解。解释观察到的现象，写出相关反应式。

4. 沉淀的转化

取 10 滴 0.01mol·L^{-1} Pb(Ac)$_2$ 溶液加入试管中，加入 2 滴 0.02mol·L^{-1} KI 溶液，振荡，观察沉淀的颜色；再在其中加入 0.1mol·L^{-1} Na$_2$S 溶液，边加边振荡，直到黄色消失，黑色沉淀生成为止。解释观察到的现象，写出相关反应式。

【思考题】

1. 同离子效应与缓冲溶液的原理有何关联？
2. 如何抑制或促进盐类水解？举例说明。
3. 是否一定要在碱性条件下，才能生成氢氧化物沉淀？不同浓度的金属离子溶液，开始生成氢氧化物沉淀时，溶液的 pH 值是否相同？

实验 6 缓冲作用和氧化还原性的验证

【实验目的】

1. 了解并验证缓冲溶液的配制方法及性质。
2. 了解氧化还原反应，学会选择合适的氧化剂和还原剂。

【仪器与试剂】

1. 仪器

量筒；烧杯；试管。

2. 试剂

NaAc（0.20mol·L^{-1}）；HAc（0.10mol·L^{-1}）；Fe$_2$(SO$_4$)$_3$（10mol·L^{-1}）；KMnO$_4$（0.01mol·L^{-1}）；KI（0.10mol·L^{-1}）；KBr（10mol·L^{-1}）；H$_2$SO$_4$（2mol·L^{-1}）；CCl$_4$；H$_2$O$_2$（3%）；H$_2$SO$_4$（2mol·L^{-1}）；淀粉溶液。

【实验内容】

（1）用 0.20mol·L^{-1} NaAc 和 0.10mol·L^{-1} HAc 溶液配制 pH=5.0 的缓冲溶液 30.0mL。用精密 pH 试纸测其 pH 值，并利用该缓冲溶液验证其对少量外加强酸、强碱的缓冲作用。

（2）根据电极电势强弱从 Fe$_2$(SO$_4$)$_3$ 和 KMnO$_4$ 中选用一种氧化剂，能使 I$^-$ 氧化而不使 Br$^-$ 氧化，用实验证明，并将结果记录在表 5.7 中。

已知：$E^{\ominus}_{Fe^{3+}/Fe^{2+}} = 0.771V$，$E^{\ominus}_{MnO_4^-/Mn^{2+}} = 1.51V$，$E^{\ominus}_{I_2/I^-} = 0.5355V$，$E^{\ominus}_{Br_2/Br^-} = 1.065V$。

（3）用给定的 3% H$_2$O$_2$ 溶液、2mol·L^{-1} H$_2$SO$_4$ 溶液、0.01mol·L^{-1} KMnO$_4$ 溶液、0.10mol·L^{-1} KI 溶液及淀粉溶液，证明 H$_2$O$_2$ 既有氧化性，又有还原性，并将结果记录在表 5.7 中。

已知：$E^{\ominus}_{H_2O_2/H_2O} = 1.763V$，$E^{\ominus}_{O_2/H_2O_2} = 0.695V$，$E^{\ominus}_{MnO_4^-/Mn^{2+}} = 1.51V$，$E^{\ominus}_{I_2/I^-} = 0.5355V$。

【实验现象与结论】

表 5.7　缓冲作用和氧化还原性的验证

实验内容	所选用试剂	实验现象	反应方程
I^- 的氧化			
H_2O_2 的氧化还原特性			

【思考题】

1. 缓冲溶液有什么性质？
2. 一种氧化剂能氧化某种还原剂的条件是什么？
3. 怎样通过实验验证 H_2O_2 既有氧化性，又有还原性？
4. 怎样证明 I^- 被氧化了而 Br^- 没有被氧化？

实验7　二价铁离子与邻菲啰啉配合物的组成及其稳定常数的测定

【实验目的】

1. 了解用比色法测定配合物的组成及其稳定常数的原理和方法。
2. 学习分光光度计的使用方法。
3. 学习用计算机处理有关实验数据的方法。

【实验原理】

邻菲啰啉（邻二氮杂菲）在 pH＝2～9 的溶液中可以与 Fe^{2+} 生成稳定的红色配合物。本实验将测定所形成红色配离子的组成及其稳定常数。配合物的组成常用比色法测定，其原理如下。

当一束波长一定的单色光通过盛在比色皿中的有色溶液时，有一部分光被有色溶液吸收，一部分透过比色皿。设 c 为有色溶液浓度，l 为有色溶液（比色皿）厚度，则吸光度 A 与有色溶液的浓度 c 和溶液的厚度 l 的乘积成正比。这叫做朗伯-比耳定律，其数学表达式为：

$$A = kcl$$

式中，k 为比例系数，叫做吸光系数，其数值与入射光的波长、溶液的性质及温度有关。若入射光的波长、温度和比色皿均一定（l 不变），则吸光度 A 只与有色溶液浓度 c 成正比。

设中心离子 M 和配位体 L 在给定条件下反应，只生成一种有色配离子或配合物 ML_n（略去配离子电荷数），即

$$M + nL \rightleftharpoons ML_n$$

若 M 与 L 都是无色的，则此溶液的吸光度 A 与该有色配离子或配合物的浓度成正比。据此可用浓比递变法（或称摩尔系列法）测定该配离子或配合物的组成及其稳定常数，具体方法如下。

配制一系列含有中心离子 M 与配位体 L 的溶液，M 与 L 的总摩尔数相等，但各自的摩尔分数连续改变，例如 L 的摩尔分数依次为 0.00、0.10、0.20、0.30、…、0.90、1.0。在一定波长的单色光中分别测定这系列溶液的吸光度 A，有色配离子或配合物的浓度越大，溶液颜色越深，其吸光度越大。当 M 和 L 恰好全部形成配离子或配合物时（不考虑配离子的解离），ML_n 的浓度最大，吸光度也最大。若以吸光度 A 为纵坐标，以配位体摩尔分数为

横坐标作图，可以求得最大的吸光度。

从图 5.3 可以看出，延长曲线两边的直线部分，相交于 O 点，O 点即为最大吸收处，对应配位体的摩尔分数为 0.5，则中心离子的摩尔分数为：$1-0.5=0.5$。所以

$$\frac{配位体摩尔数}{中心离子摩尔数}=\frac{配位体摩尔分数}{中心离子摩尔分数}=\frac{0.5}{0.5}=1$$

由此可知，该配离子或配合物的组成为 ML 型。

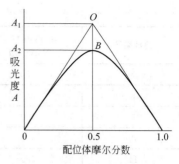

图 5.3 配位体摩尔分数与吸光度 A 关系图

配离子的稳定常数可根据图 5.3 求得。从图 5.3 还可以看出，对于 ML_n 型配离子或配合物，若它全部以 ML_n 形式存在，则其最大吸光度在 O 点处，对应的吸光度为 A_1；但由于配合物有一部分解离，其浓度要稍小一些，实际测得的最大吸光度在 B 点处，相应的吸光度为 A_2。此时配合物或配离子的解离度为：

$$\alpha=\frac{A_1-A_2}{A_1}$$

配离子或配合物 ML_n 的稳定常数与解离度的关系如下：

$$ML_n \rightleftharpoons M + nL$$

起始时浓度/mol·L^{-1} c 0   0

平衡时浓度/mol·L^{-1} $c-c\alpha$ $c\alpha$ $nc\alpha$

$$K_{稳}^{\ominus}=\frac{c_{ML_n}}{c_M c_L^n}=\frac{1-\alpha}{(nc)^n \alpha^{n+1}}$$

当 $n=1$ 时，

$$K_{稳}^{\ominus}=\frac{1-\alpha}{c\alpha^2}$$

式中，c 表示 O 点对应的中心离子的摩尔浓度。

【仪器与试剂】

1. 仪器

烧杯；分光光度计；移液管；洗耳球；玻璃棒。

2. 试剂

邻菲啰啉（$0.001\,mol·L^{-1}$，新鲜配制）；NaAc（$1.00\,mol·L^{-1}$）；Fe^{2+} 溶液（$0.001\,mol·L^{-1}$）。

【实验内容】

1. 系列溶液的配制

用三支 10mL 刻度移液管按表 5.8 分别移取 $0.001\,mol·L^{-1}$ 邻菲啰啉、$0.001\,mol·L^{-1}$ Fe^{2+}、$1.00\,mol·L^{-1}$ NaAc 溶液注入已编号 1~11 的 50mL 容量瓶中，摇匀。

表 5.8 吸光度测定系列溶液的配制表

溶液编号	$1.00\,mol·L^{-1}$ NaAc/mL	$0.001\,mol·L^{-1}$ Fe^{2+}/mL	$0.001\,mol·L^{-1}$ 邻菲啰啉/mL	吸光度 A
1	5.0	10.0	0	
2	5.0	9.0	1.0	
3	5.0	8.0	2.0	
4	5.0	7.0	3.0	
5	5.0	6.0	4.0	
6	5.0	5.0	5.0	

续表

溶液编号	1.00mol·L^{-1} NaAc/mL	0.001mol·L^{-1} Fe^{2+}/mL	0.001mol·L^{-1} 邻菲啰啉/mL	吸光度 A
7	5.0	4.0	6.0	
8	5.0	3.0	7.0	
9	5.0	2.0	8.0	
10	5.0	1.0	9.0	
11	5.0	0	10.0	

2. 浓比递变法测定配离子或配合物的吸光度

(1) 接通分光光度计电源，并调整好仪器，选定波长为508nm。

(2) 取 4 支厚 1cm 的比色皿，向其中一只中加入 NaAc（作参比溶液，放在比色皿框中第一个格内），其余 3 支分别加入步骤 1 配制的 1、2 和 3 号溶液至 2/3 处；测定各溶液吸光度，并记录在表 5.8 内（每次测定，须等数字稳定 30s，并且注意核对记录数据）。

(3) 保留装 NaAc 的比色皿，供校零点使用，其余 3 支洗净后分别换入编号为 4、5 和 6 号溶液，直至测完所有编号溶液。

3. 用 Excel 电子表格处理实验数据

利用 Excel 电子表格绘制出配位体摩尔分数与所测吸光度 A 关系图，并根据关系图中得到有关数据计算出配合物或配离子的组成及其稳定常数。

【思考题】

1. 本实验测定配合物或配离子组成及其稳定常数的原理是什么？
2. 浓比递变法的测定原理是什么？如何用作图法计算出配合物或配离子组成及其稳定常数？
3. 移液管在使用时，应注意哪些问题？
4. 比色皿在使用时，应注意哪些问题？

实验 8　常见阴离子的个别鉴定

【实验目的】

1. 了解常见阴离子的一些重要性质。
2. 学习和掌握常见阴离子的鉴定方法。
3. 培养观察现象和分析结果的能力。

【仪器与试剂】

1. 仪器

试管；滴管；玻璃棒；酒精灯；白瓷滴板。

2. 试剂

CO_3^{2-}、$S_2O_3^{2-}$、S^{2-}、I^-、NO_3^-、PO_4^{3-} 溶液（浓度均为 0.1mol·L^{-1}）；HCl（6mol·L^{-1}，0.1mol·L^{-1}）；$AgNO_3$ 溶液（0.1mol·L^{-1}）；HNO_3（2mol·L^{-1}）；浓 $NH_3·H_2O$；CCl_4；新制备的氯水；淀粉溶液；品红溶液；浓硫酸；饱和 $FeSO_4$ 溶液；对氨基苯磺酸溶液；α-萘胺溶液；HNO_3（6mol·L^{-1}）；$(NH_4)_2MoO_4$；醋酸铅试纸；$NaNO_2$（10%）；HAc（6mol·L^{-1}）；绿矾晶体；硝酸试粉。

【实验内容】

1. CO_3^{2-} 的鉴定——$Ca(OH)_2$ 法

取 $0.1mol \cdot L^{-1}$ CO_3^{2-} 试液 1mL 于试管中，加入 $6mol \cdot L^{-1}$ HCl 溶液 20 滴，当有气泡生成时，立即用事先沾有 $Ca(OH)_2$ 溶液的玻璃棒置于试管口，观察溶液是否由清亮变为浑浊。

2. NO_3^- 的鉴定

（1）棕色环法　取 $0.1mol \cdot L^{-1}$ NO_3^- 试液 0.5mL 于试管中，加入饱和 $FeSO_4$ 溶液 1mL，摇匀。将试管倾斜，沿试管内壁慢慢加入一滴浓硫酸，使溶液分层明显，观察两层之间是否有棕色环出现。

（2）硝酸试粉法　取 2～3mL NO_3^- 试液加入少许（绿豆大小）硝酸试粉，振荡，静置后观察溶液是否变为粉红色。

3. PO_4^{3-} 的鉴定——钼酸胺法

取 $0.1mol \cdot L^{-1}$ PO_4^{3-} 试液 5 滴于试管中，加 6 滴 $6mol \cdot L^{-1}$ HNO_3 酸化，再加入 8～10 滴 $(NH_4)_2MoO_4$ 试剂，温热，观察是否有黄色沉淀出现。

4. $S_2O_3^{2-}$ 的鉴定

在滴板上滴 2 滴 $0.1mol \cdot L^{-1}$ $S_2O_3^{2-}$ 试液，加 $0.1mol \cdot L^{-1}$ $AgNO_3$ 溶液数滴至产生白色沉淀，观察沉淀由白色变棕色直至变为黑色，表示有 $S_2O_3^{2-}$ 存在。

5. S^{2-} 的鉴定——醋酸铅试纸法

取 $0.1mol \cdot L^{-1}$ S^{2-} 试液 3 滴于试管中，加入 6 滴 $6mol \cdot L^{-1}$ HCl 酸化，试管口盖以湿润的醋酸铅试纸，置于水浴上加热，观察试纸是否变黑。

6. I^- 的鉴定

（1）淀粉法　取 1 滴 $0.1mol \cdot L^{-1}$ I^- 试液于试管中，加入 2～3 滴 $2mol \cdot L^{-1}$ HAc 酸化，加入淀粉指示剂和 10% $NaNO_2$ 各 2 滴，观察溶液是否呈现蓝色。

（2）氯水法　取 1～2mL $0.1mol \cdot L^{-1}$ I^- 试液于试管中，加入 5～6 滴新制备的氯水，振荡，观察溶液颜色，再加入 CCl_4 0.5mL 振荡分层后，观察 CCl_4 层颜色变化。

【实验现象与结论】

将上述常见阴离子鉴别实验结果记录于表 5.9 中。

表 5.9　阴离子鉴别实验记录表

被测离子	试剂及简要操作过程	现象	离子反应式
CO_3^{2-}			
NO_3^-			
PO_4^{3-}			
$S_2O_3^{2-}$			
S^{2-}			
I^-			

【思考题】

淀粉法鉴定 I^- 时，为什么不用新制备的氯水而用 HAc 和 $NaNO_2$ 溶液？

实验9　常见阳离子的个别鉴定

【实验目的】
1. 了解常见阳离子的一些重要性质。
2. 掌握常见阳离子的个别鉴定方法。
3. 提高观察现象和分析结果的能力。

【仪器与试剂】

1. 仪器
试管；表面皿；铂丝棒；酒精灯。

2. 试剂
NH_4^+、Na^+、K^+、Ca^{2+}、Mg^{2+}、Fe^{3+}、Fe^{2+}、Cu^{2+}、Zn^{2+}、Al^{3+} 试液（浓度均为 $0.1mol·L^{-1}$）；NaOH 溶液（$2mol·L^{-1}$）；红色石蕊试纸；HAc（$6mol·L^{-1}$）；醋酸铀酰锌试剂；$Na_3[Co(NO_2)_6]$ 试剂；饱和 $(NH_4)_2C_2O_4$ 溶液；HCl（$6mol·L^{-1}$）；$NH_3·H_2O$（$6mol·L^{-1}$）；镁试剂Ⅰ；NH_4SCN 溶液（$0.2mol·L^{-1}$）；NH_4F 溶液（$2mol·L^{-1}$）；HCl（$2mol·L^{-1}$）；$K_4[Fe(CN)_6]$ 溶液（$0.1mol·L^{-1}$）；KI 溶液（$0.5mol·L^{-1}$）；双硫腙试剂。

【实验内容】

1. NH_4^+ 的鉴定——气室法
取干燥清洁的表面皿两块（一大一小），在大表面皿中央放入 5 滴 $0.1mol·L^{-1}$ NH_4^+ 试液，加入 $2mol·L^{-1}$ NaOH 溶液 5 滴，混合。在小表面皿中央贴一块润湿的红色石蕊试纸，然后盖在大表面皿上作气室，在水浴上微热，观察红色石蕊试纸，若变蓝，说明有 NH_4^+ 存在。

2. Na^+ 的鉴定
(1) 醋酸铀酰锌法　取 $0.1mol·L^{-1}$ Na^+ 试液 2 滴于试管中，加 $6mol·L^{-1}$ HAc 1 滴，使溶液呈酸性，加入醋酸铀酰锌试剂 8 滴，静置，并用玻璃棒摩擦试管内壁，若观察到淡黄色的醋酸铀酰锌钠结晶出现，表明有 Na^+ 存在。

(2) 焰色法　用干净的铂丝棒蘸取 Na^+ 试液，在酒精灯外焰上灼烧，观察火焰颜色。

3. K^+ 的鉴定
(1) 亚硝酸钴钠法　取 $0.1mol·L^{-1}$ K^+ 试液 5~6 滴于试管中，加入新配制的 $Na_3[Co(NO_2)_6]$ 试剂 3 滴，放置片刻，观察有无黄色沉淀析出。

(2) 焰色法　用干净铂丝棒蘸取 K^+ 试液，在酒精灯外焰上灼烧，透过蓝色钴玻璃观察，若火焰呈紫色，表明有 K^+。

4. Ca^{2+} 的鉴定
(1) 草酸盐法　取 $0.1mol·L^{-1}$ Ca^{2+} 试液 10 滴于试管中，加入饱和 $(NH_4)_2C_2O_4$ 溶液 10 滴，观察生成白色 CaC_2O_4 沉淀，将沉淀分为两份，分别加入 $0.2mol·L^{-1}$ HAc 和 $0.2mol·L^{-1}$ HCl 各 5 滴，观察现象。

(2) 焰色法　用干净的铂丝棒蘸取 Ca^{2+} 试液，在酒精灯外焰上灼烧，观察是否有砖红色火焰出现。

5. Mg^{2+} 的鉴定——镁试剂法

取 0.1mol·L^{-1} Mg^{2+} 试液 5 滴于试管中,加入 6mol·L^{-1} NaOH 溶液,直到生成絮状 $Mg(OH)_2$ 沉淀为止。然后加入镁试剂 3 滴,搅拌,观察若有蓝色沉淀出现或溶液变蓝,表示有 Mg^{2+}。

6. Fe^{3+} 的鉴定

(1) NH_4SCN 法 取 2 滴 0.1mol·L^{-1} Fe^{3+} 试液于一小试管中,加入 0.2mol·L^{-1} NH_4SCN 溶液 1 滴,观察溶液是否立即呈血红色。加入 2mol·L^{-1} NH_4F 溶液数滴,观察血红色是否消失。

(2) 亚铁氰化钾法 取 1mL 0.2mol·L^{-1} Fe^{3+} 试液于试管中,加入 2mol·L^{-1} HCl 溶液 1 滴,再加入 2 滴 $K_4[Fe(CN)_6]$ 溶液,观察深蓝色沉淀的生成。

7. Fe^{2+} 的鉴定

(1) 铁氰化钾法 取 0.1mol·L^{-1} Fe^{2+} 试液 2 滴于一小试管中,加入 2mol·L^{-1} HCl 溶液 2 滴,再加入 0.1mol·L^{-1} $K_3[Fe(CN)_6]$ 溶液 1 滴,观察深蓝色沉淀的生成,并与 Fe^{3+} 鉴定中深蓝色沉淀比较。

(2) NaOH 法 取 1mL 0.1mol·L^{-1} Fe^{2+} 试液于试管中,加入 2mol·L^{-1} NaOH 溶液 2 滴,振荡,观察沉淀的生成及其颜色变化。

8. Al^{3+} 的鉴定——NaOH 法

取 0.5mL 0.1mol·L^{-1} Al^{3+} 试液于试管中,逐滴加入 2mol·L^{-1} NaOH 溶液,振荡,观察白色絮状沉淀的生成和溶解情况。

9. Cu^{2+} 的鉴定——KI 法

取 0.1mol·L^{-1} Cu^{2+} 试液 3 滴于小试管中,加 6mol·L^{-1} $NH_3·H_2O$ 直至生成深蓝色溶液为止。于此溶液中加入 6mol·L^{-1} HAc 溶液 4~5 滴,再加入 0.5mol·L^{-1} KI 溶液 8 滴,观察灰黄色 CuI 沉淀生成。

10. Zn^{2+} 的鉴定——双硫腙法

取 0.1mol·L^{-1} Zn^{2+} 试液 0.5mL 于试管中,加入双硫腙试剂 5~6 滴,观察粉红色配合物的生成。

【实验现象与结论】

将上述常见阳离子鉴别实验结果记录于表 5.10 中。

表 5.10 阳离子鉴别实验记录表

被测离子	试剂及简要操作过程	现象	离子反应式
NH_4^+			
Na^+			
K^+			
Ca^{2+}			
Mg^{2+}			
Fe^{3+}			
Fe^{2+}			
Al^{3+}			
Cu^{2+}			
Zn^{2+}			

【思考题】
1. K^+ 焰色反应中，观察火焰颜色时为什么要透过蓝色钴玻璃？
2. CaC_2O_4 沉淀为何能溶于 HCl 而不溶于 HAc 中？
3. 鉴定 Na^+ 的操作时，为什么要用玻璃棒摩擦试管内壁？

实验 10 酸碱标准溶液的配制与比较

【实验目的】
1. 学习滴定管的准备和滴定操作。
2. 初步学会准确地确定终点的方法。
3. 练习酸碱标准溶液的配制和体积的比较。
4. 熟悉甲基橙和酚酞指示剂的使用和终点的变化，初步掌握酸碱指示剂的选择方法。

【实验原理】
标准溶液的配制通常有直接法和间接法两种。

(1) 直接法

准确称取一定量的基准物质，溶解后，在容量瓶内稀释到一定体积，即可算出该标准溶液的准确浓度。但是用直接法配制标准溶液的基准物质，必须具备以下条件：具有足够的纯度，即含量＞99.9%；组成与化学式应完全相符，若含结晶水，其含量也应与化学式相符；稳定性好；为降低称量误差，最好具有较大的摩尔质量。

(2) 间接法

日常工作中，大部分物质大多不能满足直接法配制条件，如酸碱滴定法中常用的 NaOH 和 HCl 标准溶液，氧化还原法中 $Na_2S_2O_3$ 和 $KMnO_4$ 标准溶液等，都不能用直接法配制标准溶液。它们要采用间接法配制，即粗略地称取一定量的物质（或量取一定体积的溶液），配制成接近所需浓度的溶液，然后用基准物质或另一种标准溶液测定其准确浓度。这种确定浓度的操作称为标定。

浓 HCl 易挥发，固体 NaOH 容易吸收空气中水分和 CO_2，因此不能直接配制准确浓度的 HCl 和 NaOH 标准溶液，只能先配制近似浓度的溶液，然后用基准物质标定其准确浓度。也可用另一已知准确浓度的标准溶液滴定该溶液，再根据它们的体积比得该溶液的浓度。

酸碱指示剂都有一定的变色范围，滴定 $0.1 mol·L^{-1}$ HCl 和 NaOH 溶液的突跃范围为 pH＝4.30～9.70，故应当选用在此范围内变色的指示剂，如甲基橙或酚酞等。

【仪器与试剂】

1. 仪器

酸式、碱式滴定管；台秤；量筒；试剂瓶。

2. 试剂

浓 HCl（$12 mol·L^{-1}$）；NaOH（A.R.）；甲基橙；酚酞。

【实验内容】

1. 配制 $0.10 mol·L^{-1}$ NaOH 标准溶液和 HCl 标准溶液各 500mL

(1) $0.01 mol·L^{-1}$ NaOH 标准溶液的配制 用洁净的烧杯于台秤上称取 2.0g NaOH 固体，加去离子水 50mL，使全部溶解后，转入 500mL 试剂瓶中，用少量去离子水淋洗小烧杯数次，将洗液一并转入试剂瓶中，再加水至总体积约500mL，盖上橡皮塞，摇匀。

(2) 0.01mol·L^{-1} HCl标准溶液的配制　用小量筒量取浓HCl 4.2～4.5mL，倒入试剂瓶中，用去离子水稀释到500mL，盖上玻璃塞，摇匀。

2. 滴定操作练习

(1) 准备工作　酸式和碱式滴定管各一支，用HCl和NaOH标准溶液分别淋洗酸式和碱式滴管各3次，每次5～10mL，以洗去沾在管壁和旋塞上的水分，淋洗后的溶液从管嘴放出弃去。分别在酸式、碱式滴定管中装入0.01mol·L^{-1} HCl、NaOH溶液，排除气泡，调节液面至零刻度或稍下一点的位置，静止1min后，记下初读数。

(2) 以酚酞作指示剂，用NaOH标准溶液滴定HCl　从酸式滴定管放出约10mL HCl标准溶液于锥形瓶中，加10mL去离子水，加入1～2滴酚酞，在不断摇动下，用NaOH标准溶液滴定。注意控制滴加速度，当滴落的NaOH周围红色褪去较慢时，表明临近终点，用洗瓶洗涤锥形瓶内壁，控制NaOH溶液一滴或半滴地滴出，直至溶液呈微红色，半分钟不褪色即为终点，记下读数。又由酸式滴定管放入1～2mL HCl标准溶液，再用NaOH标准溶液滴至终点。如此反复练习滴定、终点判断及读数若干次。

(3) 以甲基橙作指示剂，用HCl标准溶液滴定NaOH　由碱式滴定管放出约10mL NaOH标准溶液于锥形瓶中，加10mL去离子水，加入1～2滴甲基橙，在不断摇动下，用HCl溶液滴定至溶液恰好由黄色变为橙色为止。再由碱式滴定管放入1～2mL NaOH溶液，继续用HCl溶液滴至终点。如此反复练习滴定及终点判断及读数若干次。

3. HCl和NaOH溶液体积比 V_{HCl}/V_{NaOH} 的测定

由酸式滴定管放出20mL HCl溶液于锥形瓶中，加入1～2滴酚酞，用NaOH溶液滴定至微红色，半分钟不褪色，即为终点。准确读取HCl和NaOH溶液的体积，平行测定3次。计算V_{HCl}/V_{NaOH}，要求相对平均偏差不大于0.3%。

体积比的测定也可采用甲基橙作指示剂，以HCl溶液滴定NaOH至溶液颜色由黄色变为橙色，同样平行测定3次。如时间允许，这两种相互滴定均可进行，将所得结果进行比较（表5.11），并讨论之。

【实验数据记录与处理】

表5.11　酸碱溶液的比较数据记录表

项目		1	2	3
V_{HCl}/mL	初读数			
	终读数			
	净读数			
V_{NaOH}/mL	初读数			
	终读数			
	净读数			
V_{HCl}/V_{NaOH}				
c_{HCl}/c_{NaOH}				
平均值[c_{HCl}/c_{NaOH}]				
相对平均偏差/%				

【思考题】

1. HCl 和 NaOH 标准溶液能否用直接配制法配制？为什么？
2. 配制酸碱标准溶液时，为什么用量筒量取浓 HCl，用台秤称取 NaOH 固体，而不用吸量管和分析天平？
3. 标准溶液装入滴定管之前为什么要用该溶液润洗滴定管 2~3 次？而锥形瓶是否也需先用标准溶液润洗或烘干，为什么？
4. 滴定临近终点时，半滴操作是怎样进行的？

实验 11　NaOH 和 HCl 标准溶液浓度的标定

【实验目的】

1. 学会用基准物质标定标准溶液浓度的方法。
2. 进一步掌握酸碱滴定法的基本原理。

【实验原理】

NaOH 和 HCl 标准溶液是采用间接法配制的，因此必须使用基准物质标定其准确浓度。标定酸碱溶液的基准物质比较多，本实验使用邻苯二甲酸氢钾（$KHC_8H_4O_4$，摩尔质量 204.2 g·mol^{-1}）为基准物标定 NaOH 溶液，使用无水 Na_2CO_3（摩尔质量 106.0 g·mol^{-1}）为基准物标定 HCl 溶液。

(1) 标定 NaOH 溶液

$KHC_8H_4O_4$ 的摩尔质量大，易制得纯品，在空气中不吸水，容易保存，是一种较好的基准物质，标定反应如下：

$$\text{C}_6\text{H}_4(\text{COOK})(\text{COOH}) + \text{NaOH} \longrightarrow \text{C}_6\text{H}_4(\text{COOK})(\text{COONa}) + \text{H}_2\text{O}$$

反应产物为二元弱碱，在水溶液中略显碱性，可选用酚酞作指示剂。

(2) 标定 HCl 溶液

Na_2CO_3 易吸空气中的水分，应先将其置于 270~300℃ 干燥 1h，然后保存于干燥器中备用。其标定反应为：

$$Na_2CO_3 + 2HCl \longrightarrow 2NaCl + H_2O + CO_2 \uparrow$$

到达化学计量点时，体系为 H_2CO_3 饱和溶液，pH=3.9，以甲基橙作指示剂应滴至溶液由黄色转变成橙色为滴定终点。为使 H_2CO_3 的过饱和部分不断分解逸出，临近终点时应将溶液剧烈摇动或加热。

【仪器与试剂】

1. 仪器

分析天平；酸式、碱式滴定管；锥形瓶。

2. 试剂

HCl 标准溶液（0.10 mol·L^{-1}）；NaOH 标准溶液（0.10 mol·L^{-1}）；邻苯二甲酸氢钾（A.R.）；无水 Na_2CO_3（A.R.）；酚酞；甲基橙。

【实验内容】

1. 标定 NaOH 标准溶液

分别准确称取＿＿＿＿＿g（自己计算）邻苯二甲酸氢钾 3 份于 3 个 250 mL 锥形瓶中，加 50 mL 去离子水，加热使之溶解，冷却至室温。加 2 滴酚酞指示剂，用 NaOH 标准溶液滴至溶液呈现微红色，30s 内不褪色，即为滴定终点。重复平行标定 3 次。按下式计算 NaOH 标准溶液的浓度，并将结果记入表 5.12 中。

$$c_{NaOH} = \frac{m_{邻苯二甲酸氢钾}}{M_{邻苯二甲酸氢钾} V_{NaOH}}$$

2. 标定 HCl 标准溶液

分别准确称取 _____ g（自己计算）无水 Na_2CO_3 3 份于 3 个 250mL 锥形瓶中，加 50mL 去离子水，加热使之溶解。冷却后加入 1～2 滴甲基橙指示剂，用 HCl 标准溶液滴定至溶液由黄色变成橙色即为终点。重复平行标定 3 次，按下式计算 HCl 标准溶液的浓度，并将结果记入表 5.13 中。

$$c_{HCl} = \frac{2m_{Na_2CO_3}}{M_{Na_2CO_3} V_{HCl}}$$

【实验数据记录与处理】

1. NaOH 标准溶液的标定

表 5.12　NaOH 标准溶液标定数据记录表

测定次数		1	2	3
$KHC_8H_4O_4$ + 称量瓶质量/g				
倾倒后 $KHC_8H_4O_4$ + 称量瓶质量/g				
V_{NaOH}/mL	终读数			
	初读数			
	净读数			
c_{NaOH}/mol·L^{-1}				
c_{NaOH} 平均值/mol·L^{-1}				
相对平均偏差/%				

2. HCl 标准溶液的标定

表 5.13　HCl 标准溶液标定数据记录表

测定次数		1	2	3
Na_2CO_3 + 称量瓶质量/g				
倾倒后 Na_2CO_3 + 称量瓶质量/g				
V_{HCl}/mL	终读数			
	初读数			
	净读数			
c_{HCl}/mol·L^{-1}				
c_{HCl} 平均值/mol·L^{-1}				
相对平均偏差/%				

【思考题】

1. 基准物质的称量范围是怎样确定的？为什么？

2. 用减量法称取试样过程中，若称量瓶内的试样吸湿，对称量会造成什么误差？若试样倒入锥形瓶后再吸湿，对称量是否有影响？为什么？

3. 若邻苯二甲酸氢钾加水后加热溶解，不等其冷却就进行滴定，对标定结果有无影响？
4. 滴定 HCl 标准溶液接近终点时，要剧烈摇动溶液，这是为什么？

实验 12　双指示剂法分析混合碱的含量

【实验目的】
1. 巩固容量分析仪器的正确操作。
2. 掌握双指示剂测定法的原理、应用和终点颜色的判别。

【实验原理】
工业纯碱是不纯的 Na_2CO_3，由于制作方法不同，杂质也不同。除主要成分外，还可能有少量的 $NaCl$、Na_2SO_4、$NaOH$ 或 $NaHCO_3$ 等，以甲基橙作为指示剂，用 HCl 标准溶液滴定时，除主要成分 Na_2CO_3 被中和外，其中少量 $NaOH$ 或 $NaHCO_3$ 也同样被中和，因此测得的是其总碱量。这是工厂鉴定纯碱质量的方法之一。反应方程式为：

$$Na_2CO_3 + 2HCl =\!=\!= 2NaCl + H_2O + CO_2\uparrow$$

常用的两种指示剂是酚酞和甲基橙。在试液中先加酚酞，用 HCl 标准溶液滴定至红色刚好褪去，记录 HCl 标准溶液耗用的体积 V_1。再加入甲基橙指示剂，溶液呈黄色，用 HCl 标准溶液滴定至橙色为终点，记录此时 HCl 标准溶液耗用的体积 V_2。根据 V_1、V_2 可以判断混合碱的组成：

$$V_1 < V_2，混合碱由 Na_2CO_3 与 NaHCO_3 组成$$
$$V_1 > V_2，混合碱由 Na_2CO_3 与 NaOH 组成$$

根据 V_1、V_2 数值可计算混合碱中各组分含量，其结果常用总碱度表示，公式如下：

$$w_{Na_2O} = \frac{c_{HCl} V_{HCl} M_{Na_2O} V_{容量瓶}}{2 m_{样} V_{移液管}}$$

【仪器与试剂】
1. 仪器
分析天平；酸式滴定管；移液管；容量瓶；锥形瓶。
2. 试剂
工业纯碱试样；HCl 标准溶液（$0.1000 mol\cdot L^{-1}$）；酚酞；甲基橙。

【实验内容】
用移液管准确移取碱液 25mL，加酚酞指示剂 1~2 滴，用 $0.1000 mol\cdot L^{-1}$ HCl 标准溶液滴定，边滴边充分摇匀，以免局部酸度太高，滴定至酚酞恰好褪色为止，此时记录为第一化学计量点，记下所用 HCl 标准溶液的体积 V_1。然后再加 2 滴甲基橙指示剂，此时溶液呈黄色，继续用 HCl 标准溶液滴定，当滴入的 HCl 液滴周围的红色褪色较慢时，应持续振荡溶液，使 CO_2 逸出，至溶液呈橙色，此时即为终点，记下所用 HCl 标准溶液体积 V_2。重复平行测定 3 次。计算试样的总碱量（以 Na_2O 表示）的质量分数 w_{Na_2O}。

【思考题】
1. 用双指示剂法测定混合碱组成的方法原理是什么？
2. 工业纯碱中总碱量的测定能否用酚酞作指示剂？为什么？
3. 若试样经加热溶解后，不等试样冷却就转入容量瓶并稀释至刻度，但等冷却以后才进行测定，对测量结果有何影响？

实验 13 水样中化学需氧量（COD）的测定

【实验目的】

1. 掌握以 $Na_2C_2O_4$ 为基准物质标定 $KMnO_4$ 标准溶液的反应条件及注意事项。
2. 学习返滴定法的应用。

【实验原理】

化学需氧量（COD）是指 1L 水中含有的还原性物质（主要是有机物，也包括 NO_2^-、S^{2-}、Fe^{2+}），在一定条件下被氧化剂氧化时，所消耗的氧化剂的量，以 O_2（$mg \cdot L^{-1}$）表示。COD 说明污水被有机物（包括无机还原物）污染的程度，是环境分析中一个重要的测定项目。测定 COD 常用高锰酸钾法。在酸性介质中，$KMnO_4$ 能氧化大部分有机物，将水中的还原性物质氧化，反应式为：

$$4KMnO_4 + 6H_2SO_4 + 5C == 2K_2SO_4 + 4MnSO_4 + 5CO_2\uparrow + 6H_2O$$

式中，"C" 代表还原性有机物。

反应后，剩余的 $KMnO_4$ 用过量 $Na_2C_2O_4$ 标准溶液还原，最后用 $KMnO_4$ 标准溶液滴定剩余的 $Na_2C_2O_4$。两次用去 $KMnO_4$ 物质的量与 $Na_2C_2O_4$ 物质的量之差就相当于水中耗氧的物质的量。反应为：

$$2MnO_4^- + 5C_2O_4^{2-} + 16H^+ == 2Mn^{2+} + 10CO_2 + 8H_2O$$

此方法适用于氯含量不高（$<300mg \cdot L^{-1}$）的污水 COD 的测定。当 Cl^- 浓度过高时，会对结果有干扰，宜采用碱性高锰酸钾法，而在碱性溶液中需加入过量的 $KMnO_4$ 来氧化水样中还原性物质。反应为：

$$4MnO_4^- + 3C + 2H_2O == 4MnO_2 + 3CO_2 + 4OH^-$$

测定时应取与水样相同量的去离子水测定空白值，加以校正。

【仪器与试剂】

1. 仪器

酸式滴定管；锥形瓶；容量瓶。

2. 试剂

$Na_2C_2O_4$ 标准溶液（$0.01000 mol \cdot L^{-1}$）；$KMnO_4$ 溶液（$0.005 mol \cdot L^{-1}$）；H_2SO_4 溶液（$1.0 mol \cdot L^{-1}$）；$AgNO_3$ 溶液（$100 g \cdot L^{-1}$）。

【实验内容】

1. 水样的测定

取适量水样于 250mL 锥形瓶中，用去离子水稀释至 100mL，加 10mL $1.0 mol \cdot L^{-1}$ H_2SO_4 溶液，再加入 5mL $100g \cdot L^{-1}$ $AgNO_3$ 溶液（若水样中 Cl^- 浓度很小时，可以不加 $AgNO_3$），摇匀，准确加入 10.00mL（V_1） $0.005 mol \cdot L^{-1}$ $KMnO_4$ 溶液，将锥形瓶置于沸水浴中加热 30min。取出锥形瓶，冷却 1min，准确加入 10.00mL $Na_2C_2O_4$ 标准溶液，摇匀（此时溶液应由红色转为无色），趁热用 $0.005 mol \cdot L^{-1}$ $KMnO_4$ 溶液滴定至微红色，30s 内不褪色即为终点，记下 $KMnO_4$ 溶液的用量（V_2）。

2. 测定每毫升 $KMnO_4$ 相当于 $Na_2C_2O_4$ 标准溶液的体积

在 250mL 锥形瓶中加入 100mL 去离子水和 10mL $1.0 mol \cdot L^{-1}$ H_2SO_4 溶液，准确加入 10mL $Na_2C_2O_4$ 标准溶液，摇匀，加热至 70~80℃，用 $0.005 mol \cdot L^{-1}$ $KMnO_4$ 溶液滴定至

溶液呈微红色，30s 内不褪色即为终点，记下 $KMnO_4$ 溶液的用量（V_3）。

3. 空白值的测定

在 250mL 锥形瓶中加入 100mL 去离子水和 10mL 1.0mol·L^{-1} H_2SO_4，在 70～80℃下，用 0.005mol·L^{-1} $KMnO_4$ 溶液滴定至溶液呈微红色，30s 内不褪色即为终点，记下 $KMnO_4$ 溶液的用量（V_4）。

【实验数据记录与处理】

按下式计算化学需氧量 COD，单位为 mg·L^{-1}：

$$COD=\frac{[(V_1+V_2-V_4)b-10.00\text{mL}]c_{Na_2C_2O_4}M_O}{V_s}$$

式中，$b=10.00\text{mL}/(V_3-V_4)$，即每毫升 $KMnO_4$ 相当于 b mL $Na_2C_2O_4$ 标准溶液；V_s 为水样体积，mL；M_O 为氧的摩尔质量，g·mol^{-1}。

【思考题】

1. 水样中化学需氧量的测定为什么要采用返滴定法？
2. 水样中 Cl$^-$ 含量高时，为什么对测定有干扰？可采用什么方法消除干扰？
3. 在测定水样化学需氧量的过程中，为什么要测定空白值？如何测定？
4. 水样中加入一定量的 $KMnO_4$ 溶液并在沸水浴中加热 30min 后，该溶液应当是什么颜色？若溶液无色，说明什么问题？应如何处理？

实验 14　EDTA 标准溶液的配制与标定

【实验目的】

1. 学习 EDTA 标准溶液的配制和标定方法。
2. 掌握配位滴定的原理、方法及特点。
3. 了解铬黑 T、钙指示剂等指示剂的应用条件和终点的正确判断。

【实验原理】

乙二胺四乙酸（简称 EDTA，常用 H_4Y 表示）难溶于水，常温下其溶解度为 0.2g·L^{-1}，在分析中不适用，通常使用其二钠盐间接配制标准溶液。乙二胺四乙酸二钠盐的溶解度为 120g·L^{-1}，可配成 0.3mol·L^{-1} 以上的溶液，其水溶液 pH≈4.4。

标定 EDTA 溶液的基准物质有 Zn、ZnO、$CaCO_3$、Bi、Cu、$MgSO_4·7H_2O$、Hg、Ni、Pb 等。通常选用其中与被测组分相同的物质作基准物质，这样滴定条件较一致，可尽量减少误差，提高分析的准确度。

EDTA 标准溶液比较稳定，若要长期储存 EDTA 标准溶液，应该用聚乙烯之类的塑料容器，使用一段时间后，需再重新标定一次。

【仪器与试剂】

1. 仪器

酸式滴定管（50mL）；烧杯（50mL，250mL）；容量瓶（250mL）；移液管（25mL）；量筒（10mL）；锥形瓶（250mL）；玻璃棒；表面皿；台秤；洗耳球。

2. 试剂

乙二胺四乙酸二钠；Zn 粉；$CaCO_3$；氨水（6mol·L^{-1}）；NaOH 溶液（10%）；HCl 溶液（6mol·L^{-1}）；NH_3-NH_4Cl 缓冲溶液（pH=10.0）；甲基红指示剂；铬黑指示剂（称

取 1g 铬黑 T 与 100g NaCl 混合，研细备用）；钙指示剂（称取 1g 钙指示剂与 100g NaCl 混合，研细备用）。

【实验内容】

1. $0.01\text{mol}\cdot\text{L}^{-1}$ EDTA 标准溶液的配制

称取＿＿＿g（学生自己算）乙二胺四乙酸二钠 $Na_2H_2Y\cdot2H_2O$（摩尔质量为 $372.2\text{g}\cdot\text{mol}^{-1}$），置于 250mL 烧杯中，加入适量的去离子水，加热使其完全溶解，冷却后转入试剂瓶中，稀释至 1L，摇匀备用。

2. EDTA 标准溶液的标定

(1) 以 Zn 为基准物质标定 EDTA 溶液

① $0.01\text{mol}\cdot\text{L}^{-1}$ Zn^{2+} 标准溶液的配制　准确称取 0.16～0.18g Zn 粉置于 50mL 干燥小烧杯中，逐滴加入 6mL $6\text{mol}\cdot\text{L}^{-1}$ HCl 标准溶液，边加边搅拌至 Zn 粉刚好溶解，转移到 250mL 容量瓶中，定容，摇匀。计算 Zn^{2+} 标准溶液的准确浓度。

② 以铬黑 T 作指示剂标定 EDTA 溶液　准确量取 25.00mL 上述 Zn^{2+} 标准溶液置于锥形瓶中，加 1 滴甲基红指示剂，用 $6\text{mol}\cdot\text{L}^{-1}$ 氨水中和 Zn^{2+} 标准溶液中的 HCl，至溶液由红变黄即可。加入 25mL 去离子水和 10mL NH_3-NH_4Cl 缓冲溶液，加入少量铬黑 T 指示剂（固体），此时溶液呈酒红色，用待标定的 $0.01\text{mol}\cdot\text{L}^{-1}$ EDTA 溶液滴定之，至溶液由酒红色变为纯蓝色为终点，记下消耗的 EDTA 溶液的体积，根据 Zn^{2+} 标准溶液的浓度计算 EDTA 溶液浓度。平行标定 3 次。

(2) 以 $CaCO_3$ 为基准物质标定 EDTA 溶液

① $0.01\text{mol}\cdot\text{L}^{-1}$ 钙标准溶液的配制　准确称取 0.25～0.30g 基准物质碳酸钙于 250mL 烧杯中，加水润湿，盖上表面皿，再从杯嘴边逐滴加入数滴 $6\text{mol}\cdot\text{L}^{-1}$ HCl 标准溶液至完全溶解，加热煮沸，用去离子水将表面上迸溅的溶液冲入烧杯中，冷却后转移到 250mL 容量瓶中，定容，摇匀。计算 Ca^{2+} 标准溶液的准确浓度。

② EDTA 标准溶液的标定　用移液管准确移取 25.00mL 上述钙标准溶液于锥形瓶中，加去离子水 25mL，加 10mL 10% NaOH 溶液（调 pH＝12.0），然后加入少量固体钙指示剂，此时溶液呈酒红色。用待标定的 $0.01\text{mol}\cdot\text{L}^{-1}$ EDTA 溶液滴定，至溶液由酒红色变为纯蓝色为终点，记下消耗的 EDTA 溶液的体积，根据 Ca^{2+} 标准溶液的浓度计算 EDTA 标准溶液浓度。平行标定 3 次。

【实验数据记录与处理】

1. 计算基准试剂溶液的浓度

$$c_{Zn^{2+}} = \frac{m_{Zn}}{M_{Zn}V} \times 1000$$

$$c_{Ca^{2+}} = \frac{m_{CaCO_3}}{M_{CaCO_3}V} \times 1000$$

式中，V 为定容容量瓶的体积（250mL）。

2. 计算 EDTA 标准溶液的浓度

由于 M^{2+} 与 EDTA 反应的物质量比是 1∶1，所以滴定至终点时，待测 M^{2+} 的物质的量等于消耗 EDTA 的物质的量，即

$$c_{EDTA} = \frac{c_{Zn^{2+}} V_{Zn^{2+}}}{V_{EDTA}} \quad \text{或} \quad c_{EDTA} = \frac{c_{Ca^{2+}} V_{Ca^{2+}}}{V_{EDTA}}$$

将实验数据填入表 5.14、表 5.15。

表 5.14 以 Zn 为基准物质标定 EDTA 溶液

项目	1	2	3
m_{Zn}/g			
$c_{Zn^{2+}}/mol \cdot L^{-1}$			
$V_{终}(EDTA)/mL$			
$V_{初}(EDTA)/mL$			
所耗 V_{EDTA}/mL			
$c_{EDTA}/mol \cdot L^{-1}$			
$\bar{c}_{EDTA}/mol \cdot L^{-1}$			
相对平均偏差 $\bar{d}_r/\%$			

表 5.15 以 $CaCO_3$ 为基准物质标定 EDTA 溶液

项目	1	2	3
m_{CaCO_3}/g			
$c_{Ca^{2+}}/mol \cdot L^{-1}$			
$V_{终}(EDTA)/mL$			
$V_{初}(EDTA)/mL$			
所耗 V_{EDTA}/mL			
$c_{EDTA}/mol \cdot L^{-1}$			
$\bar{c}_{EDTA}/mol \cdot L^{-1}$			
相对平均偏差 $\bar{d}_r/\%$			

【注意事项】
1. 配位反应速率较慢，EDTA 滴加不能太快，尤其是接近终点时应逐滴加入，并充分振荡。
2. 平行 3 次测定时，指示剂用量要尽量相同，这样对终点观察有利。

【思考题】
1. 配位滴定中为什么需要加入缓冲溶液？
2. 用 HCl 标准溶液溶解金属 Zn 或者 $CaCO_3$ 时，操作中应注意哪些问题？
3. EDTA 二钠盐的水溶液呈酸性还是碱性？

实验 15 水的总硬度的测定

【实验目的】
1. 了解水的硬度的测定意义和常用的硬度表示方法。
2. 掌握 EDTA 法测定水的硬度的原理和方法。
3. 掌握铬黑 T 指示剂（EBT）和钙指示剂的应用，了解金属指示剂的特点。

【实验原理】
水中主要杂质是 Ca^{2+}、Mg^{2+}，还有微量的 Fe^{3+}、Al^{3+} 等，通常以水中 Ca^{2+}、Mg^{2+} 总量表示水的硬度。水中 Ca^{2+}、Mg^{2+} 含量越高，水的硬度就越大。硬度有暂时硬度和永久硬度之分。

暂时硬度是指水中含有钙、镁的酸式碳酸盐，如预热即成碳酸盐沉淀或氢氧化物沉淀而失去硬性。

$$Ca(HCO_3)_2 \xrightarrow{\triangle} CaCO_3 + H_2O + CO_2$$

$$Mg(HCO_3)_2 \xrightarrow{\triangle} MgCO_3 + H_2O + CO_2$$

$$Mg(HCO_3)_2 \longrightarrow Mg(OH)_2 + 2CO_2$$

永久硬度是指水中含有钙、镁的硫酸盐、氯化物、硝酸盐等，在加热时也不沉淀（但在锅炉运转温度下，一些溶解度较低的盐类可形成锅垢）。

暂时硬度和永久硬度的总和，即水中 Ca^{2+}、Mg^{2+} 总量，称为水的总硬度。国际上水的硬度有多种表示方法，常以水中 Ca^{2+}、Mg^{2+} 总量换算为 CaO 含量的方法表示，单位为 "$mg \cdot L^{-1}$" 和 "°"。水的总硬度 1° 表示 1L 水中含有 10mg CaO。计算水的总硬度公式为：

$$\frac{(cV)_{EDTA} \times M_{CaO}}{V_{H_2O}} \times 1000 \text{ (mg} \cdot \text{L}^{-1})$$

或 $$\frac{(cV)_{EDTA} \times M_{CaO}}{V_{H_2O}} \times 100 \text{ (°)}$$

式中，V_{H_2O} 为水样体积，mL。

用 EDTA 测定水的总硬度，是在 pH=10 的 NH_3-NH_4Cl 缓冲溶液中，以铬黑 T 为指示剂，用 EDTA 标准溶液滴定水中 Ca^{2+}、Mg^{2+} 的总量。反应式如下：

滴定前　　$Ca^{2+}(Mg^{2+}) + HIn^{3-} + OH^- \rightleftharpoons CaIn^{2-}(MgIn^{2-}) + H_2O$
　　　　　　　　　　纯蓝色　　　　　　酒红色

滴定中　　$Ca^{2+}(Mg^{2+}) + H_2Y^{2-} + 2OH^- \rightleftharpoons CaY^{2-}(MgY^{2-}) + 2H_2O$

终点时　　$CaIn^{2-}(MgIn^{2-}) + H_2Y^{2-} + OH^- \rightleftharpoons CaY^{2-}(MgY^{2-}) + HIn^{3-} + H_2O$
　　　　　　　酒红色　　　　　　　　　　　　　　　　无色　　　　纯蓝色

故用 EDTA 溶液滴定至溶液由酒红色变为紫红色，再变为纯蓝色即为终点。如果水中存在 Fe^{3+}、Al^{3+} 等干扰测定，可用三乙醇胺掩蔽；若存在 Cu^{2+}、Zn^{2+}、Pb^{2+} 等干扰测定，可用 Na_2S 掩蔽。

由总硬度减去钙硬度即为水中的镁硬度。

【仪器与试剂】

1. 仪器

酸式滴定管；移液管；锥形瓶，量筒（10mL，100mL）。

2. 试剂

EDTA 标准溶液（$0.020 \text{mol} \cdot \text{L}^{-1}$）；NaOH（20%）；$NH_3$-$NH_4Cl$ 缓冲溶液（pH=10）；铬黑 T；钙指示剂。

【实验内容】

1. 水样总硬度的测定

取 100.0mL 自来水或移取 25.00mL 模拟水样于锥形瓶中，加入 5mL pH=10 的 NH_3-NH_4Cl 缓冲溶液、3~4 滴铬黑 T 指示剂，摇匀，用 EDTA 标准溶液滴定至溶液由酒红色变为纯蓝色即为终点，记下所消耗的 EDTA 溶液的体积。重复平行测定 3 次。计算水样的总硬度。

2. 水样钙硬度的测定

取 100.0mL 自来水或移取 25.00mL 模拟水样于锥形瓶中，加入 2mL 20% NaOH 溶液，摇匀，加钙指示剂，再摇匀，此时溶液呈浅酒红色浊液，用 EDTA 标准溶液滴定至纯蓝色为终点，记下所消耗的 EDTA 溶液的体积。重复平行测定 3 次。计算水样的钙硬度。

【思考题】

1. 用 EDTA 法怎样测出水的总硬度？选用什么指示剂？终点颜色如何变化？试液的 pH 应控制在什么范围？如何控制溶液的 pH？

2. 为什么滴定 Ca^{2+}、Mg^{2+} 总量时要控制 pH=10，而滴定 Ca^{2+} 时要控制 pH=12～13？若在 pH>13 时测 Ca^{2+} 对结果有何影响？

实验 16　罐头食品中食盐含量的测定（莫尔法）

【实验目的】

1. 学习银量法测定氯化钠的原理和方法。
2. 学习 $AgNO_3$ 标准溶液的制备方法。
3. 掌握莫尔法终点的判断和在实际中的应用。

【实验原理】

本实验是在中性溶液中，以 K_2CrO_4 为指示剂，用 $AgNO_3$ 标准溶液测定经过处理的罐头食品中 NaCl 的含量。主要反应如下：

滴定反应：$\qquad Ag^+ + Cl^- \rightleftharpoons AgCl\downarrow$（白色）

指示剂反应：$2Ag^+ + CrO_4^{2-} \rightleftharpoons Ag_2CrO_4\downarrow$（砖红色）

由于 AgCl 的溶解度小于 Ag_2CrO_4 的溶解度，所以在滴定过程中 AgCl 先沉淀出来，当 AgCl 定量沉淀后，微过量的 $AgNO_3$ 溶液便与 CrO_4^{2-} 生成砖红色的 Ag_2CrO_4 沉淀，指示出滴定终点。

溶液的 pH 应控制在 6.5～10.5 之间，若试液中存在铵盐，则 pH 上限不能超过 7.2。溶液中若存在较大量的 Cu^{2+}、Co^{2+}、Cr^{3+} 等有色离子时，将影响目视终点（可采用电势滴定法确定终点）。凡是能与 Ag^+ 或 CrO_4^{2-} 发生化学反应的阴、阳离子都将干扰测定。

【仪器与试剂】

1. 仪器

容量瓶（100mL，250mL）；锥形瓶；滴定管；组织捣碎机；坩埚；干燥器；烧杯；滤纸。

2. 试剂

$AgNO_3$ 固体（A.R.）；NaCl（A.R.）；K_2CrO_4 溶液（5%）；NaOH 溶液；罐头食品样品。

【实验内容】

1. $0.1mol \cdot L^{-1}$ $AgNO_3$ 标准溶液的配制

准确称取约 1.7g $AgNO_3$ 固体，溶解后定容于 100mL 容量瓶中，置于暗处（或转移到棕色瓶中）。

2. $0.1mol \cdot L^{-1}$ $AgNO_3$ 标准溶液的标定

将 NaCl 固体置于坩埚中，加热至 500～600℃后取出，稍冷却，再放置于干燥器中冷却备用。准确称取 0.15～0.20g NaCl 固体置于锥形瓶中，加 25mL 水使其溶解。加 1mL 5% K_2CrO_4 溶液，在充分摇动下，用 $AgNO_3$ 标准溶液滴定至出现稳定的砖红色（约保持 1min 不褪色）。记录所用 $AgNO_3$ 溶液的用量 V（mL）。平行测定 2 次。计算公式为：

$$c_{AgNO_3} = \frac{m_{NaCl}}{M_{NaCl} \times V \times 10^{-3}}$$

式中，m_{NaCl} 为 NaCl 的质量，g；M_{NaCl} 为 NaCl 的摩尔质量，g·L^{-1}；V 为 AgNO$_3$ 标准溶液的体积，mL。

根据上式计算 AgNO$_3$ 标准溶液的浓度，两次测定的相对偏差不大于 0.2%。

3. 罐头食品中食盐的测定

（1）蔬菜类罐头　将食品固体与其液体成比例混合称取 200g，在组织捣碎机中捣碎置于 500mL 烧杯中备用。准确称取已粉碎的样品 20g（精确至 0.01g），用蒸馏水将试样移入 250mL 容量瓶中，谨慎摇匀后，加蒸馏水至刻度，摇匀，用干燥滤纸滤入干燥的烧杯中。用移液管吸取 50mL 试液，加酚酞指示剂 3～5 滴，用 NaOH 溶液中和至淡红色，加入 K$_2$CrO$_4$ 溶液 1mL，用 AgNO$_3$ 溶液滴定至砖红色，记录所消耗 AgNO$_3$ 标准溶液的体积 V_1（mL）。

（2）肉、禽、水产类罐头　由于这类罐头颜色较深，用 AgNO$_3$ 标准溶液滴定时不易观察，所以试液制备与蔬菜类罐头不同。取已捣碎均匀的样品 10g（精确至 0.01g）置入坩埚，在水浴上干燥（小心炭化）至坩埚内容物用玻璃棒易压碎为止，用蒸馏水溶解后移入 250mL 容量瓶中，加蒸馏水至刻度、摇匀，用干燥滤纸滤入干燥的烧杯中。用移液管吸取 50mL 滤液，按上法测定。记录所消耗 AgNO$_3$ 标准溶液的体积 V_1'（mL）。

（3）空白实验　用移液管吸取 50mL 蒸馏水，加入 5‰ K$_2$CrO$_4$ 指示剂 1mL，用 AgNO$_3$ 标准溶液滴定至砖红色，记录消耗 AgNO$_3$ 标准溶液的体积 V_2（mL）。

【实验数据记录与处理】

计算罐头食品中 NaCl 的含量，公式如下：

$$w_{NaCl} = \frac{c_{AgNO_3} \times (V_1 - V_2) \times 10^{-3} \times M_{NaCl}}{m_s} \times \frac{250}{50} \times 100\%$$

式中，w_{NaCl} 为罐头样品中食盐的质量分数，%；c_{AgNO_3} 为 AgNO$_3$ 标准溶液的准确浓度，mol·L^{-1}；V_1 为测定时标准溶液的体积，mL；V_2 为空白值，mL；m_s 为取用的罐头样品的质量，g。

【思考题】

1. 滴定液的酸度应控制在什么范围为宜？为什么？
2. 该实验中做空白实验有何意义？K$_2$CrO$_4$ 溶液的浓度大小或用量对测定结果有何影响？

实验 17　钡盐中钡含量的测定（沉淀重量法）

【实验目的】

1. 了解晶形沉淀的沉淀条件和沉淀方法。
2. 练习沉淀的洗涤和灼烧的操作技术。
3. 测定氯化钡中钡的含量，并用换算因数计算测定结果。

【实验原理】

Ba^{2+} 能生成 BaCO$_3$、BaCrO$_4$、BaSO$_4$、BaC$_2$O$_4$ 等一系列难溶化合物，其中 BaSO$_4$ 溶解度最小（$K_{sp} = 1.1 \times 10^{-10}$），其组成与化学式相符合，摩尔质量较大，性质稳定，符合重量分析法对沉淀的要求。因此，通常以 BaSO$_4$ 沉淀形式和称量形式测定 Ba^{2+}。为了获得颗粒较大和纯净的 BaSO$_4$ 晶形沉淀，试样溶于水后，加 HCl 酸化，使部分 SO$_4^{2-}$ 成为

HSO_4^-，以降低溶液的相对过饱和度，同时可防止其他弱酸盐如 $BaCO_3$ 沉淀产生。将溶液加热近沸，在不断搅动下缓慢滴加适当过量的沉淀剂稀 H_2SO_4，形成的 $BaSO_4$ 沉淀经陈化、过滤、洗涤、灼烧后，以 $BaSO_4$ 形式称量，即可求得试样中的钡含量。

【仪器与试剂】

1. 仪器

玻璃棒；烧杯（250mL）；瓷坩埚；漏斗；电炉；马弗炉；定量滤纸。

2. 试剂

$BaCl_2 \cdot 2H_2O$；HCl 溶液（$2mol \cdot L^{-1}$）；H_2SO_4（$1mol \cdot L^{-1}$）；$AgNO_3$ 溶液（$0.1mol \cdot L^{-1}$）。

【实验内容】

（1）在分析天平上准确称取 $BaCl_2 \cdot 2H_2O$ 试样 0.4~0.5g 两份，分别置于 250mL 烧杯中，各加蒸馏水 100mL，搅拌溶解（玻璃棒直至过滤、洗涤完毕才能取出）。加入 $2mol \cdot L^{-1}$ HCl 溶液 4mL，加热近沸（勿使沸腾以免溅失）。

（2）取 4mL $1mol \cdot L^{-1}$ H_2SO_4 两份，分别置于小烧杯中，加水 30mL，加热至沸，趁热将稀 H_2SO_4 用滴管逐滴加入试样溶液中，并不断搅拌。搅拌时，玻璃棒不要触及杯壁和杯底，以免划伤烧杯使沉淀黏附在烧杯壁划痕内难于洗下。作用完毕，待 $BaSO_4$ 沉淀下沉后，取上层清液，加入稀 H_2SO_4 1~2 滴，观察是否有白色沉淀生成以检验其沉淀是否完全。盖上表面皿，在沸腾的水浴上陈化半小时，其间要搅动几次，放置冷却后过滤。

（3）取慢速定量滤纸两张，按漏斗角度的大小折叠好滤纸，使其与漏斗很好地贴合，以水润湿，并使漏斗颈内保持水柱，将漏斗置于漏斗架上，漏斗下面各放一只清洁的烧杯。小心地将沉淀上清液沿玻璃棒倾入漏斗中，再用倾泻法洗涤沉淀 3~4 次，每次用 15~20mL 洗涤液（取 3mL $1.0mol \cdot L^{-1}$ H_2SO_4 用 200mL 蒸馏水稀释即成）。然后将沉淀定量地转移至滤纸上，以洗涤液洗涤沉淀，直到无 Cl^- 为止（用 $AgNO_3$ 溶液检查）。

（4）取两个洁净带盖的坩埚，在 800~850℃下灼烧至恒重后，记下坩埚的质量。将洗净的沉淀和滤纸包好，放入已恒重的坩埚中，在电炉上烘干，炭化后，置于马弗炉中，于 800~850℃灼烧至恒重。根据试样和沉淀的质量计算试样中钡含量。

【思考题】

1. 沉淀 $BaSO_4$ 时为什么要在稀溶液中进行？不断搅拌的目的是什么？

2. 为什么沉淀 $BaSO_4$ 时要在热溶液中进行，而在自然冷却后进行过滤？若采用趁热过滤或强制冷却，好不好？

3. 洗涤沉淀时，为什么用洗涤液要少量、多次？为保证 $BaSO_4$ 沉淀的溶解损失不超过 0.1%，洗涤沉淀用水量最多不能超过多少毫升？

4. 本实验中为什么称取 0.4~0.5g $BaCl_2 \cdot 2H_2O$ 试样？称样过多或过少有什么影响？

实验 18 过氧化氢含量的测定

【实验目的】

1. 掌握氧化还原滴定法的原理和操作。
2. 熟悉酸式滴定管的使用方法。

【实验原理】

在稀硫酸溶液中，过氧化氢在室温条件下，能定量地被 $KMnO_4$ 氧化而生成氧气和水，因此可用高锰酸钾法测定过氧化氢的含量，其反应式为：

$$5H_2O_2 + 2MnO_4^- + 6H^+ =\!=\!= 2Mn^{2+} + 5O_2\uparrow + 8H_2O$$

开始反应时速度慢，滴入第一滴 $KMnO_4$ 溶液不易褪色，待 Mn^{2+} 生成之后，由于 Mn^{2+} 的自动催化作用，加快了反应速度，故能顺利地滴定到终点。

根据 $KMnO_4$ 标准溶液的浓度和滴定消耗的体积，即可计算溶液中 H_2O_2 的含量。

【仪器与试剂】

1. 仪器

酸式滴定管；容量瓶（250mL）；移液管（25.00mL）；锥形瓶。

2. 试剂

H_2SO_4 溶液（3mol·L^{-1}）；$MnSO_4$ 溶液（1mol·L^{-1}）；$KMnO_4$ 标准溶液（0.02mol·L^{-1}）；H_2O_2 样品。

【实验内容】

1. H_2O_2 样品稀释

用移液管移取 H_2O_2 样品 1.00mL，置于 250mL 容量瓶中，加水稀释至刻度，充分摇匀备用。

2. H_2O_2 含量的测定

用移液管移取 25.00mL 稀释后的样品置于 250mL 锥形瓶中，加 3mol·L^{-1} H_2SO_4 溶液 5mL，加入几滴 0.02mol·L^{-1} $KMnO_4$ 标准溶液，摇动锥形瓶，待微红色退去后，继续用 0.02mol·L^{-1} $KMnO_4$ 标准溶液滴定至溶液呈微红色，1min 内不褪色即为终点。重复测定 3 次。

3. H_2O_2 含量的计算

根据 $KMnO_4$ 标准溶液的浓度和滴定过程中消耗的体积，计算试样中 H_2O_2 的质量体积百分含量。

计算公式为：

$$\rho_{H_2O_2}(W/V, \%) = \frac{c_{KMnO_4} V_{KMnO_4} \times \frac{1}{1000} \times \frac{5}{2} \times M_{H_2O_2}}{1.00 \times \frac{25}{250}} \times 100\%$$

计算 3 次测定结果的平均值和标准偏差。

【思考题】

1. 用 $KMnO_4$ 法测定 H_2O_2 时，能否用 HNO_3 或 HCl 来控制溶液的酸度？为什么？
2. 若在用 $KMnO_4$ 标准溶液滴定前，加几滴 $MnSO_4$ 溶液的作用是什么？
3. 用 $KMnO_4$ 法测定 H_2O_2 时，应注意哪些实验条件？

实验 19　有机酸含量的测定

【实验目的】

1. 掌握酸碱滴定法的原理。
2. 掌握滴定法测定浓度的方法。
3. 掌握有机酸含量测定的常规操作。

【实验原理】

有机酸大多为固体弱酸,如果它易溶于水,且符合弱酸的滴定条件,则可在水溶液中用标准碱溶液滴定,测得其含量。由于反应产物为弱酸的共轭碱,其滴定突跃在碱性范围内,故常选用酚酞作指示剂。

【仪器与试剂】

1. 仪器

分析天平;碱式滴定管;烧杯;移液管;试剂瓶;锥形瓶。

2. 试剂

NaOH 溶液($0.1 mol \cdot L^{-1}$);酚酞指示剂(0.2%的乙醇溶液);草酸试样。

【实验内容】

1. 草酸溶液的配置

准确称取草酸 1.0~1.2g,置于小烧杯中,加适量水溶解,然后定量地转入 250mL 容量瓶中,用水稀释至刻度,摇匀。

2. 草酸含量的测定

用 25mL 移液管移取草酸溶液于 250mL 锥形瓶中,加酚酞 1~2 滴,用已标定的 NaOH 标准溶液滴定至溶液呈微红色,30s 不褪色,即为终点,记下所消耗 NaOH 标准溶液的体积(V_{NaOH}),平行 3~4 次。

3. 草酸含量的计算

(1) 草酸溶液的浓度的计算

$$c_{H_2C_2O_4} = \frac{c_{NaOH} \times V_{NaOH}}{2 \times 25}$$

式中,$c_{H_2C_2O_4}$ 为草酸溶液的浓度,$mol \cdot L^{-1}$;c_{NaOH} 为 NaOH 溶液的浓度,$mol \cdot L^{-1}$;V_{NaOH} 为所消耗 NaOH 溶液的体积,mL;25 为草酸溶液的体积,mL。

(2) 草酸含量的计算

$$w_{H_2C_2O_4} = \frac{c_{H_2C_2O_4} \times M_{H_2C_2O_4} \times 0.250}{m} \times 100\%$$

式中,$M_{H_2C_2O_4}$ 为草酸的摩尔质量,$g \cdot mol^{-1}$;0.250 为草酸溶液的总体积,L;m 为草酸试样的质量,g。

(3) 计算 3 次平行测定结果的平均值、标准偏差及置信度为 95% 的置信区间。

【思考题】

1. 如果 NaOH 标准溶液吸收了空气中的 CO_2,对有机酸含量的测定有何影响?
2. 根据酸碱滴定原理,试设计一个测定金属镁摩尔质量的实验方案。

实验 20 阿司匹林含量的测定

【实验目的】

1. 学习阿司匹林药片中乙酰水杨酸含量的测定方法。
2. 学习利用滴定法分析药品质量。
3. 了解该药的纯品(即原料药)与片剂分析方法的差异。

【实验原理】

乙酰水杨酸(Aspirin)俗名阿司匹林,是最常用的解热镇疼药之一,也是作为比较和评价其他药物的标准制剂。乙酰水杨酸是有机弱酸（$pK_a=3.0$），结构为 ![结构式], 摩尔质量为 $180.16\text{g}\cdot\text{mol}^{-1}$，微溶于水，易溶于乙醇；干燥中稳定，遇潮水解。在 NaOH 或 Na_2CO_3 等强碱性溶液中溶解并分解为水杨酸（即邻羟基苯甲酸）和乙酸盐：

$$\text{(邻-COOH, OCOCH}_3\text{)} + 3\text{OH}^- \longrightarrow \text{(邻-COO}^-\text{, O}^-\text{)} + \text{CH}_3\text{COO}^- + 2\text{H}_2\text{O}$$

由于它的酸性较强，可以作为一元酸以酚酞为指示剂用 NaOH 标准溶液直接滴定。为了防止乙酰基水解，应在 10℃ 以下的中性冷乙醇介质中进行滴定，反应为：

$$\text{(邻-COOH, OCOCH}_3\text{)} + \text{OH}^- \longrightarrow \text{(邻-COO}^-\text{, OCOCH}_3\text{)} + \text{H}_2\text{O}$$

直接滴定法适用于乙酰水杨酸纯品的测定，而药片中一般都混有淀粉等不溶物，在冷乙醇中不易溶解完全，不宜直接滴定，可以利用上述水解反应，采用返滴定法进行测定。将药片研磨成粉状后加入过量的 NaOH 标准溶液，加热一定时间使乙酰基水解完全，再用 HCl 标准溶液回滴过量的 NaOH 标准溶液，以酚酞的红色刚刚消失为终点。在这一滴定过程中，1mol 乙酰水杨酸需要消耗 2mol NaOH。

【仪器与试剂】

1. 仪器

分析天平；碱式滴定管（50mL）；酸式滴定管（50mL）；烧杯（100mL）；锥形瓶（250mL）；表面皿；水浴锅；研钵；移液管（20mL）；洗耳球。

2. 试剂

阿司匹林药片；HCl 标准溶液（$0.1\text{mol}\cdot\text{L}^{-1}$）；NaOH 标准溶液（$0.1\text{mol}\cdot\text{L}^{-1}$）；酚酞指示剂；甲基红指示剂；邻苯二甲酸氢钾（s, G.R.）。

【实验内容】

1. $0.1\text{mol}\cdot\text{L}^{-1}$ NaOH 标准溶液的配制与标定（参见实验10、实验11）
2. $0.1\text{mol}\cdot\text{L}^{-1}$ HCl 标准溶液的配制与标定（参见实验10、实验11）
3. 药片中乙酰水杨酸含量的测定

取阿司匹林药片研细，精密称取 0.4g（精确至 0.0001g）药粉置于锥形瓶中，加入 40.00mL $0.1\text{mol}\cdot\text{L}^{-1}$ NaOH 标准溶液，盖上表面皿，轻轻摇动后放在水浴上用蒸汽加热 15min，取出后迅速用自来水冷却至室温，然后加入 3 滴酚酞指示剂，立即用 $0.1\text{mol}\cdot\text{L}^{-1}$ HCl 标准溶液滴定至红色刚刚消失，平行测定 3 次。根据所消耗的 HCl 标准溶液的体积，计算药片中乙酰水杨酸的质量分数（%）及每片药剂中乙酰水杨酸的含量（$\text{g}\cdot\text{片}^{-1}$）。

4. NaOH 标准溶液与 HCl 标准溶液体积比的测定

在锥形瓶中加入 20.00mL NaOH 标准溶液和 20mL 水，在与测定药粉相同的实验条件下进行加热，冷却后用 HCl 标准溶液滴定，平行测定 2 次，计算 $V_{\text{NaOH}}/V_{\text{HCl}}$ 值。

【实验数据记录与处理】

$$m_{C_9H_8O_4} = \frac{1}{2} \times c_{\text{NaOH}} \times \left[40.00 - \frac{c_{\text{HCl}} V_{\text{HCl}}}{c_{\text{NaOH}}} \right] \times M_{C_9H_8O_4} \times \frac{m_{\text{片}}}{m_s}$$

式中，$m_片$ 为乙酰水杨酸药片的质量，g；m_s 为称取乙酰水杨酸药粉的质量，g。

将上述实验数据填入表5.16、表5.17中。

表5.16　乙酰水杨酸含量的测定

项目	1	2	3
$m_片$/g			
c_{NaOH}/mol·L^{-1}			
V_{NaOH}/mL		40.00	
c_{HCl}/mol·L^{-1}			
$V_{初(HCl)}$/mL			
$V_{终(HCl)}$/mL			
ΔV_{HCl}/mL			
$m_{C_9H_8O_4}$/g·片$^{-1}$			
$\overline{m}_{C_9H_8O_4}$/g·片$^{-1}$			
$\overline{d}_r$/%			

表5.17　NaOH标准溶液与HCl标准溶液体积比的测定

项目	1	2
V_{NaOH}/mL		20.00
$V_{初(HCl)}$/mL		
$V_{终(HCl)}$/mL		
ΔV_{HCl}/mL		
V_{NaOH}/V_{HCl}		

【注意事项】

1. 为了保证试样的均匀性，最好将片剂先磨细，然后再称取药粉进行分析。

2. 如果测定是纯品，则可采用直接滴定法：准确称取试样约0.4g（精确至0.0001g）置于干燥的锥形瓶中，加入20mL中性冷乙醇，溶解后加入酚酞指示剂，立即用NaOH标准溶液滴定至微红色为终点。

【思考题】

1. 在测定药片中阿司匹林含量的实验中，为什么1mol乙酰水杨酸消耗2mol NaOH，而不是1mol NaOH？回滴后的溶液中，水解产物的存在形式是什么？

2. 称取纯品试样时，所用锥形瓶为什么要干燥？

实验21　碳酸钠的制备与分析

【实验目的】

1. 学习利用盐类溶解度知识制备无机化合物。
2. 练习灼烧、减压过滤及洗涤等基本操作。
3. 巩固溶液浓度的标定和酸碱滴定操作。

【实验原理】

碳酸钠（Na_2CO_3）又名苏打，工业上叫纯碱，用途广泛。工业上的联合制碱法是将二氧化碳和氨气通进氯化钠溶液中，先生成碳酸氢钠，再在高温下灼烧，转化为碳酸钠（干态 $NaHCO_3$，在270℃时分解），反应式如下：

$$NH_3 + CO_2 + H_2O + NaCl \Longrightarrow NaHCO_3 + NH_4Cl \qquad (1)$$

$$2NaHCO_3 \Longrightarrow Na_2CO_3 + CO_2 + H_2O \qquad (2)$$

上述反应（1），实质上是碳酸氢铵与氯化钠在水溶液中的复分解反应，因此可直接用碳酸氢铵与氯化钠作用制取碳酸氢钠：

$$NH_4HCO_3 + NaCl \Longrightarrow NaHCO_3 + NH_4Cl \qquad (3)$$

制取好的产品要检验其总碱度（以 w_{Na_2O} 表示），用 HCl 标准溶液进行滴定，反应如下：

$$Na_2CO_3 + 2HCl \longrightarrow H_2CO_3 + 2NaCl$$

当达到计量点时，溶液 pH 为 3.9，可以选择甲基橙作为指示剂，溶液由黄色滴定至橙色为终点。

【仪器与试剂】

1. 仪器

分析天平；台秤；酸式滴定管（50mL）；锥形瓶（250mL）；容量瓶（100mL）；移液管（25mL）；小烧杯（100mL）；蒸发皿；吸滤瓶；布氏漏斗；循环水泵；酒精灯；三脚架；石棉网；恒温水浴锅。

2. 试剂

NaCl 溶液（25%）；NH_4HCO_3（s，A.R.）；HCl 标准溶液（$0.05 mol \cdot L^{-1}$）；甲基橙指示剂；无水 Na_2CO_3（s，G.R.）。

【实验内容】

1. $NaHCO_3$ 中间产物的制备

取 25% NaCl 溶液 25mL 置于小烧杯中，放在水浴锅中加热（温度控制在 30~35℃），同时称取 10g 研磨后的 NH_4HCO_3 固体，分几次加到溶液中，在充分搅拌下反应 20min 左右，静止 5min 后减压过滤，得到 $NaHCO_3$ 固体，用少量的水冲洗晶体除去黏附的铵盐，抽干母液后，将 $NaHCO_3$ 固体取出。

2. Na_2CO_3 的制备

将中间产物 $NaHCO_3$ 放在蒸发皿中，置于石棉网中加热，同时用玻璃棒不停搅拌，防止固体因受热不均而结块，加热 5min 后将石棉网取出继续加热 30min，即可制得白色粉末状固体 Na_2CO_3，冷却至室温，在分析天平上称其质量 $m_{实际Na_2CO_3}$。

3. 产品 Na_2CO_3 中总碱度的分析

（1）$0.05 mol \cdot L^{-1}$ HCl 标准溶液的标定

① 准确称取 0.21~0.32g（精确到 0.0001g）无水 Na_2CO_3 于小烧杯中，加水溶解，定量转移到 100mL 容量瓶中，定容摇匀。

② 准确称取 25.00mL 上述溶液于锥形瓶中，加入 1~2 滴甲基橙指示剂，用待标定的 HCl 标准溶液滴定，当溶液由黄色滴定至橙色即为滴定终点，记录所消耗 HCl 标准溶液的体积，平行测定 3 次（表 5.18），计算 HCl 标准溶液的浓度。

（2）总碱度的测定

① 准确称取自制 Na_2CO_3 产品 0.38~0.41g（精确到 0.0001g）于烧杯中，加水溶解，

定量转移到 100mL 容量瓶中，定容摇匀。

② 准确移取 25.00mL 上述自制 Na_2CO_3 溶液于锥形瓶中，加 20mL 去离子水和 1～2 滴甲基橙指示剂，用 0.05mol·L^{-1} HCl 标准溶液滴定，当溶液由黄色滴定至橙色即为滴定终点，记录所消耗 HCl 标准溶液体积，平行滴定 3 次（表 5.19），计算试样的总碱度（w_{Na_2O}）。

【实验数据记录与处理】

HCl 标准溶液浓度的标定：$c_{HCl} = \dfrac{2m_{Na_2CO_3}}{M_{Na_2CO_3} V_{HCl}}$

产率：$\dfrac{2m_{实际(Na_2CO_3)} M_{NaCl}}{25\% \rho_{NaCl} V_{NaCl} M_{Na_2CO_3}} \times 100\%$

总碱量：$\dfrac{c_{HCl} V_{HCl} M_{Na_2O}}{2m_s} \times \dfrac{100.00}{25.00} \times 100\%$

式中，m_s 为称取自制的 Na_2CO_3 产品质量，g。

表 5.18 盐酸溶液的标定

项目	1	2	3
$m_{Na_2CO_3}$/g			
$V_{初(HCl)}$/mL			
$V_{终(HCl)}$/mL			
ΔV_{HCl}/mL			
c_{HCl}/mol·L^{-1}			
$\bar{c}_{HCl}$/mol·L^{-1}			
$\bar{d}_r$/%			

表 5.19 总碱度的测定

项目	1	2	3
m_s/g			
$V_{初(HCl)}$/mL			
$V_{终(HCl)}$/mL			
ΔV_{HCl}/mL			
w_{Na_2O}/%			
$\bar{w}_{Na_2O}$/%			
$\bar{d}_r$/%			

【注意事项】

1. 在减压过滤时，淋洗产品 1～2 次即可，以免制备的 $NaHCO_3$ 溶解，造成产量损失。
2. 标定 HCl 标准溶液可用无水 Na_2CO_3 作基准物质，采用与测定相同的方法和指示剂可以减少系统误差。

【思考题】

1. 进行减压过滤操作时应注意哪些问题？
2. 实验中有哪些因素影响自制 Na_2CO_3 产品的产量？
3. 影响自制 Na_2CO_3 产品纯度的因素有哪些？

实验 22 洗衣粉中活性组分和碱度的测定

【实验目的】

1. 培养独立解决实物分析和定量化学分析知识的灵活运用能力。
2. 熟练掌握分析仪器的使用。
3. 熟练掌握酸碱溶液的配制与滴定的基本操作。

【实验原理】

烷基苯磺酸钠是一种阴离子表面活性剂,具有良好的去污力、发泡力和乳化力,是洗衣粉的主要活性组分。同时,它在酸性、碱性和硬水中都很稳定。分析洗衣粉中烷基苯磺酸钠的含量,是控制产品质量的重要步骤。

烷基苯磺酸钠的分析主要为对甲苯胺法,即将其与盐酸对甲苯胺溶液混合生成复盐,用 CCl_4 萃取生成的复盐,再用 NaOH 标准溶液滴定。有关反应为:

$$RC_6H_4SO_3Na + CH_3C_6H_4NH_2 \cdot HCl \Longrightarrow RC_6H_4SO_3H \cdot NH_2C_6H_4CH_3 + NaCl$$

$$RC_6H_4SO_3H \cdot NH_2C_6H_4CH_3 + NaOH \Longrightarrow RC_6H_4SO_3Na + CH_3C_6H_4NH_2 + H_2O$$

根据消耗标准碱液的体积和浓度,即可求得其含量。要注意的是,烷基苯磺酸钠的侧链取代基是含 $C_{10}\sim C_{14}$ 的混合物。在本实验中,要求以十二烷基苯磺酸钠表示其含量。

洗衣粉的组成十分复杂,除活性物外,还要添加许多助剂。例如,配用一定量的碳酸钠等碱性物质,可以使洗涤液保持一定的 pH 值范围。当洗衣粉遇到酸性污物时,仍有较高的去污能力。

在对洗衣粉中碱性物质的分析中,常用活性碱度和总碱度两个指标来表示碱性物质的含量。活性碱度仅指由于氢氧化钠(或氢氧化钾)产生的碱度;总碱度包括有碳酸盐、碳酸氢盐、氢氧化钠及有机碱(如三乙醇胺)等产生的碱度。利用酸碱滴定的有关知识,可以测定洗衣粉中的碱度指标。

【仪器与试剂】

1. 仪器

分析天平;台秤;容量瓶(100mL,250mL);酸式滴定管(50mL);碱式滴定管(50mL);分液漏斗(250mL);电炉;锥形瓶(250mL);容量瓶;移液管(25.00mL)。

2. 试剂

洗衣粉;对甲苯胺(s,A.R.);盐酸对甲苯胺溶液;CCl_4;HCl 溶液(1∶1);NaOH 溶液(0.1mol·L^{-1});HCl 溶液(0.1mol·L^{-1});乙醇(95%);间甲酚紫指示剂(0.4g·L^{-1});广泛 pH 试纸;酚酞指示剂;甲基橙指示剂。

【实验内容】

1. 活性成分的测定

(1) 盐酸对甲苯胺溶液的配制。粗称 10g 对甲苯胺,溶于 20mL 体积比 1∶1 盐酸溶液中,加水至 100mL,使 pH<2。溶解过程可适当加热,以促进其溶解。

(2) 称取洗衣粉样品 1.5~2.0g,分批加入 100mL 水中,搅拌促使其溶解(可加热),转移至 250mL 容量瓶中,稀释至刻度,摇匀。因液体表面有泡沫,读数应以液面为准。

(3) 用移液管移取 25.00mL 洗衣粉样品溶液于 250mL 分液漏斗中,用 1∶1 盐酸调

pH≤3。加 25mL CCl_4 和 15mL 盐酸对甲苯胺溶液,剧烈振荡 2min,再以 15mL CCl_4 和 5mL 盐酸对甲苯胺溶液重复萃取两次。合并三次提取液于 250mL 锥形瓶中,加入 10mL 95%乙醇溶液增溶,再加入 0.04%间甲酚紫指示剂 2 滴,以 $0.1mol·L^{-1}$ NaOH 标准溶液滴定至溶液由黄色突变为紫蓝色,且 3s 不变即为终点。计算活性物质的质量分数(以十二烷基苯磺酸钠含量表示)。

2. 活性碱度的测定

用移液管吸取洗衣粉样液 25.00mL,加入 2 滴酚酞指示剂,用 $0.1mol·L^{-1}$ HCl 标准溶液滴定至浅粉色(15s 不褪色),记录消耗 HCl 标准溶液体积,平行滴定 3 次,计算活性碱度(以 w_{Na_2O} 形式表示)。

3. 总碱度的测定

在已经测定过活性碱度的溶液中再加入 2 滴甲基橙指示剂,继续滴定至橙色。记录消耗 $0.1mol·L^{-1}$ HCl 标准溶液体积,计算总碱度(以 w_{Na_2O} 形式表示)。

【实验数据记录与处理】

$$w_{十二烷基苯磺酸钠}=\frac{c_{NaOH}V_{NaOH}M_{C_{12}H_{25}C_6H_4SO_4Na}}{m_s}\times\frac{250.00}{25.00}\times100\%$$

式中,m_s 为称取洗衣粉试样质量,g。

活性碱度、总碱度:$w_{Na_2O}=\dfrac{c_{HCl}V_{HCl}M_{Na_2O}}{2m_s}\times\dfrac{250.00}{25.00}\times100\%$

将实验数据填入表 5.20、表 5.21、表 5.22 中。

表 5.20 洗衣粉中活性成分的测定

项目	1	2	3
$V_{洗衣粉试样}$/mL	25.00	25.00	25.00
$V_{初(NaOH)}$/mL			
$V_{终(NaOH)}$/mL			
ΔV_{NaOH}/mL			
$w_{十二烷基苯磺酸钠}$/%			
$\overline{w}_{十二烷基苯磺酸钠}$/%			
$\overline{d}_r$/%			

表 5.21 洗衣粉中活性碱度的测定

项目	1	2	3
$V_{洗衣粉试样}$/mL	25.00	25.00	25.00
$V_{初(HCl)}$/mL			
$V_{初(HCl)}$/mL			
ΔV_{HCl}/mL			
w_{Na_2O}/%			
$\overline{w}_{Na_2O}$/%			
$\overline{d}_r$/%			

表 5.22 洗衣粉中总碱度的测定

项目	1	2	3
$V_{洗衣粉试样}$/mL	25.00	25.00	25.00
$V_{初(HCl)}$/mL			
$V_{终(HCl)}$/mL			
ΔV_{HCl}/mL			
w_{Na_2O}/%			
$\overline{w}_{Na_2O}$/%			
$\overline{d}_r$/%			

【注意事项】
1. 在配制盐酸对甲苯胺溶液的时候,为加快溶解可适当加热。
2. 使用分液漏斗时,振荡时注意时常放气。

【思考题】
使用分液漏斗时有哪些注意事项?

实验 23　蛋壳中 Ca^{2+}、Mg^{2+} 含量的测定

【实验目的】
1. 熟练掌握所学过的酸碱滴定法、配位滴定法和氧化还原滴定法,并能灵活运用解决实际问题。
2. 熟悉直接滴定、返滴定、间接滴定等方式的原理与方法。
3. 训练对实物试样中某组分含量测定的一般步骤。
4. 学会各种方法的测量条件、指示剂的选择,并有一定的鉴别能力。

方法一　酸碱滴定法

【实验原理】
鸡蛋壳的主要成分为 $CaCO_3$,其次是 $MgCO_3$、蛋白质、色素以及少量的 Fe、Al。蛋壳中的碳酸盐能与 HCl 发生反应:
$$CaCO_3 + 2H^+ \longrightarrow Ca^{2+} + CO_2 \uparrow + H_2O$$
过量的酸可用标准 NaOH 溶液回滴,据实际与 $CaCO_3$ 反应所消耗标准盐酸溶液的体积求得蛋壳中 Ca^{2+}、Mg^{2+} 含量,以 CaO 质量分数表示。

【仪器与试剂】
1. 仪器
分析天平;容量瓶(500mL);试剂瓶(500mL);称量瓶;锥形瓶(250mL);烧杯(250mL);量筒。
2. 试剂
NaOH(A.R.);浓 HCl(A.R.);Na_2CO_3(s,G.R.);甲基橙(0.1%)。

【实验内容】
1. 蛋壳的预处理
先将蛋壳洗净,加水煮沸 5~10min,去除蛋壳内表层的蛋白薄膜,然后把蛋壳放在蒸发皿中小火烤干,碾成粉末(最好用 80~100 目的标准筛过筛)备用。

2. 0.5mol·L^{-1} NaOH 溶液配制

称 10g NaOH 固体于小烧杯中,加 20～30mL 蒸馏水溶解,定量转入 500mL 容量瓶中,用水稀释至刻度,摇匀。将配好的 NaOH 标准溶液贴上标签备用。

3. 0.5mol·L^{-1} HCl 溶液配制

用量筒量取浓盐酸 21mL 于 500mL 容量瓶中,用蒸馏水稀释至刻度,摇匀,贴标签备用。

4. 酸碱标定

准确称取基准 Na_2CO_3 0.55～0.65g 两份于锥形瓶中,分别加入 50mL 去除 CO_2 的蒸馏水,摇匀,加热加快溶解,后加入 2～3 滴甲基橙指示剂,用以上配好的 HCl 溶液滴定至浅红色为终点。计算 HCl 溶液的精确浓度。再用该 HCl 标准溶液标定所配制的 NaOH 溶液的精确浓度。

5. CaO 含量测定

准确称取经预处理的蛋壳 0.3g(精确到 0.1mg),于锥形瓶内,用酸式滴定管逐滴加入已标定好的 HCl 标准溶液 40mL 左右(需精确读数),小火加热溶解,冷却,加甲基橙 2～3 滴,以 NaOH 标准溶液回滴至溶液由红色刚刚变为橙黄色即为终点。平行测定 2 次。

【实验数据记录与处理】

按滴定分析记录格式作表格,记录数据,按下式计算 w_{CaO}(CaO 的质量分数)

$$w_{CaO} = \frac{[cV_{HCl} - cV_{NaOH}] \times \frac{56.08}{2000}}{m_s} \times 100\%$$

式中,m_s 为称取预处理的蛋壳质量,g。

【注意事项】

由于酸较稀,溶解时加热后要放置 30min,试样中有不溶物,如蛋白质之类,但不影响测定。

【思考题】

1. 蛋壳称样量是依据什么估算的?
2. 蛋壳溶解时应注意什么?
3. 为什么以 w_{CaO} 表示 Ca 与 Mg 的总量?

方法二 配位滴定法

【实验原理】

在 pH=10,用铬黑 T 作指示剂,EDTA 可直接测量 Ca^{2+}、Mg^{2+} 总量。为提高配位选择性,加入三乙醇胺掩蔽 Fe^{3+} 和 Al^{3+} 等生成更稳定的配合物,排除它们对 Ca^{2+}、Mg^{2+} 测量的干扰。

化学反应: $Ca^{2+} + EDTA \longrightarrow Ca\text{-}EDTA$

$Mg^{2+} + EDTA \longrightarrow Mg\text{-}EDTA$

【仪器与试剂】

1. 仪器

分析天平;称量瓶;容量瓶(250mL);试剂瓶(250mL);锥形瓶(500mL);烧杯;碱式滴定管(50mL)。

2. 试剂

HCl（6mol·L^{-1}）；铬黑 T 指示剂；三乙醇胺水溶液（1∶2）；NH$_4$Cl-NH$_3$·H$_2$O 缓冲溶液（pH=10）；EDTA（0.01mol·L^{-1}）标准溶液；乙醇（95%）。

【实验内容】

1. 蛋壳预处理（同方法一）。
2. 0.01mol·L^{-1} EDTA 标准溶液的配制与标定（参见实验 14）。
3. 设计估算蛋壳中 CaCO$_3$、MgCO$_3$ 含量的实验，确定称量范围。
4. Ca、Mg 总量的测定

① 准确称取一定量的蛋壳粉末（0.3g 左右），小心滴加 6mol·L^{-1} HCl 4～5mL，微火加热至完全溶解（少量蛋白膜不溶），冷却，转移至 250mL 容量瓶，稀释至接近刻度线，若有泡沫，滴加 2～3 滴 95% 乙醇，泡沫消除后，滴加水至刻度线摇匀。

② 吸取上述试液 25mL 置于 250mL 锥形瓶中，分别加去离子水 20mL、三乙醇胺 5mL，摇匀。再加 NH$_4$Cl-NH$_3$·H$_2$O 缓冲液 10mL，摇匀。放入少许铬黑 T 指示剂，用 EDTA 标准溶液滴定至溶液由酒红色恰变纯蓝色即达终点，根据 EDTA 消耗的体积计算 Ca、Mg 总量，以 CaO 的含量表示。平行测定 2 次。

【实验数据记录与处理】

1. 自行设计数据记录表。
2. 试推导出求钙镁总量的计算公式（以 CaO 含量表示）。

【注意事项】

确定蛋壳粉称量范围的方法：原则上是先粗略确定蛋壳粉中钙镁的大约含量，再估算蛋壳粉的称量范围。可先用天平称取少量蛋壳粉（如 0.2g）置于锥形瓶中，逐滴加入 HCl 溶解，再用缓冲溶液调节溶液的 pH 值，用标准 EDTA 溶液滴定至终点。根据消耗的 EDTA 的体积估算称量蛋壳粉的范围。

【思考题】

以铬黑 T 作指示剂，用 EDTA 标准溶液滴定时，终点的溶液颜色为什么由酒红变纯蓝色？

方法三　高锰酸钾法

【实验原理】

利用蛋壳中的 Ca^{2+} 与草酸盐形成难溶的草酸盐沉淀，将沉淀经过滤洗涤分离后溶解，用高锰酸钾法测定 C$_2$O$_4^{2-}$ 含量，可换算出 CaO 的含量，反应如下：

$$Ca^{2+} + C_2O_4^{2-} \longrightarrow CaC_2O_4$$
$$CaC_2O_4 + H_2SO_4 \longrightarrow CaSO_4 + H_2C_2O_4$$
$$5H_2C_2O_4 + 2MnO_4^- + 6H^+ \longrightarrow 2Mn^{2+} + 10CO_2\uparrow + 8H_2O$$

【仪器与试剂】

1. 仪器

分析天平；称量瓶；烧杯（250mL）；水浴锅；碱式滴定管（50mL）。

2. 试剂

KMnO$_4$（0.01mol·L^{-1}）；(NH$_4$)$_2$C$_2$O$_4$（5%）；NH$_3$·H$_2$O（10%）；浓盐酸；H$_2$SO$_4$ 溶液（1mol·L^{-1}）；HCl 溶液（1∶1）；甲基橙溶液（0.2%）；AgNO$_3$ 溶液（0.1mol·L^{-1}）。

【实验内容】

准确称取蛋壳粉两份 0.05g，分别放在 250mL 烧杯中，加体积比为 1∶1 HCl 溶液 3mL，加 H_2O 20mL，加热溶解，若有不溶解蛋白质，可过滤之。滤液置于烧杯中，然后加入 50mL 5% $(NH_4)_2C_2O_4$ 溶液，若出现沉淀，再滴加浓 HCl 至溶解，然后加热至 70~80℃，加入 2~3 滴甲基橙，溶液呈红色，逐滴加入 10% 氨水，不断搅拌，直至由红变黄并有氨味逸出为止。将溶液放置陈化（或在水浴上加热 30min 陈化），沉淀经过滤洗涤，直至无 Cl^-（用硝酸银检验）。

将带有沉淀的滤纸铺在先前用来进行沉淀的烧杯内壁上，用 $1mol \cdot L^{-1} H_2SO_4$ 溶液 50mL 把沉淀由滤纸洗入烧杯中，再用洗瓶吹洗 1~2 次。然后，稀释溶液至体积约为 100mL，加热至 70~80℃，用 $KMnO_4$ 标准溶液滴定至溶液呈浅红色为终点，再把滤纸推入溶液中，在滴加 $KMnO_4$ 至浅红色在 30s 内不消失为止。根据所消耗 $KMnO_4$ 标准溶液的体积，计算 CaO 的质量分数。

【实验数据处理与记录】

按定量分析格式画表格，记录数据，计算 CaO 的质量分数，相对偏差要求小于 0.3%。

【思考题】

1. 用 $(NH_4)_2C_2O_4$ 沉淀 Ca^{2+}，为什么要先在酸性溶液中加入沉淀剂，然后在 70~80℃时滴加氨水至甲基橙变黄，使 CaC_2O_4 沉淀？

2. 为什么沉淀要洗至无 Cl^- 为止？

3. 试比较酸碱滴定法、配位滴定法、高锰酸钾法这三种方法测定蛋壳中 CaO 含量的优缺点？

5.2 有机化学实验

实验 24 熔点的测定

【实验目的】

1. 了解物质熔点的测定意义和方法。
2. 掌握毛细管法测定熔点的操作方法。

【实验原理】

晶体化合物的固、液两态在大气压力下成平衡时的温度称为该化合物的熔点，也可简单理解为固体物质在大气压力下加热熔化的温度。物质自初熔至全熔的温度范围称为熔点范围，又称熔距或熔程。纯粹的固体有机化合物一般都有固定的熔点，即在一定的压力下，固液两态之间的转化是非常敏锐的，自初熔至全熔的温度不超过 0.5~1℃（熔程），熔程很小。因此，测定熔点时记录的数据应该是熔程（初熔至全熔的温度），如 123~124℃，不能记录平均值 123.5℃。如果该物质含有杂质，则其熔点往往较纯粹者为低，且熔程较长。

测定熔点可初步鉴定固体有机物和定性判断固体化合物的纯度，具有很大的价值。例如，A 和 B 两种固体的熔点是相同的，可用混合熔点法检验 A 和 B 是否为同一种物质。若 A 和 B 混合物的熔点不变，则 A 和 B 为同一物质；若 A 和 B 混合物的熔点比各自的熔点降低很多，且熔程变长，则 A 和 B 不是同一物质。

测定熔点的方法有毛细管法 [图 5.4(a)] 和显微熔点测定法 [图 5.4(b)]。由于毛细管法的仪器设备简单，易于操作，是一种常用的方法。毛细管法测定熔点一般采用提勒（Thiele）管（b形管）。管口装有具有侧槽的塞子固定温度计，温度计的水银球位于b形管的上下两叉管口之间。b形管中装入加热液体（浴液，一般用甘油、液体石蜡、浓硫酸、硅油等），液面高于上叉管口0.5cm即可，加热部位如图5.4(a)所示。加热时浴液因温差产生循环，使管内浴液温度均匀。

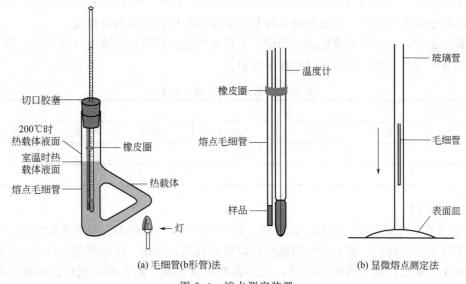

(a) 毛细管(b形管)法　　　　　(b) 显微熔点测定法

图5.4　熔点测定装置

【仪器与试剂】

1. 仪器

提勒（Thiele）管；毛细管；酒精灯；温度计；铁架台。

2. 试剂

热浴液；苯甲酸。

【实验内容】

1. 样品的填装

将毛细管的一端封口，把待测物研成细粉末，将毛细管未封口的一端插入粉末中，使粉末进入毛细管，再将其开口向上的从大玻璃管中垂直滑落，熔点管在玻璃管中反弹蹦跳，使样品使粉末进入毛细管的底部。重复以上操作，直至毛细管底部有2~3mm粉末并被墩紧。

2. 仪器的安装

将提勒（Thiele）管［b形管，如图5.4(a)所示］固定在铁架台上，装入热浴液，使液面高度达到提勒管上侧管即可。熔点管下端沾一点浴液润湿后黏附于温度计下端，并用橡皮圈将毛细管紧缚在温度计上，样品部分应靠在温度计水银球的中部［如图5.4(a)右图所示］。温度计水银球恰好在提勒管的两侧管中部为宜［图5.4(a)］。

3. 测定熔点

首先粗测，以每分钟约5℃的速度升温，记录当管内样品开始塌落即有液相产生时（初熔）和样品刚好全部变成澄清液体时（全熔）的温度。

待热浴的温度下降大约30℃时，换一根样品管，重复上述操作进行精确测定。

精确测定时，开始升温可稍快（每分钟上升约10℃），待热浴温度离粗测熔点约15℃

时，改用小火加热（或将酒精灯稍微离开提勒管一些），使温度缓缓而均匀上升（每分钟上升1~2℃）。当接近熔点时，加热速度要更慢，每分钟上升0.2~0.3℃。要精确测定熔点，则在接近熔点时升温的速度不能太快，必须严格控制加热速度。

记录刚有小滴液体出现和样品恰好完全熔融时的两个温度读数，这两者的温度范围即为被测样品的熔程。熔点测定数据列表如表5.23所示。

每个样品测2~3次，初熔点和全熔点的平均值为熔点，再将各次所测熔点的平均值作为该样品的最终测定结果。重复测熔点时都必须用新的熔点管重新装样品。

实验完成后，一定要待热浴液冷却后，方可将浴液倒回瓶中。温度计冷却后，用废纸擦去浴液，方可用水冲洗，否则温度计极易炸裂。

表5.23 熔点测定数据记录表

次序	物质	初熔/℃	全熔/℃	熔距/℃	初熔/℃	全熔/℃	熔距/℃
1							
2							

【注意事项】

1. 熔点管本身要干净，若如含有灰尘，会产生4~10℃的误差。管壁不能太厚，封口要均匀，千万不能让封口一端发生弯曲或使封口端壁太厚，因此，在毛细管封口时，毛细管按垂直方向伸入火焰，且长度要尽量短，火焰温度不宜太高，最好用酒精灯，断断续续地加热，封口要圆滑，以不漏气为原则。

2. 样品一定要干燥，并要研成细粉末，往毛细管内装样品时，一定要反复墩实，管外样品要用脱脂棉擦干净。

3. 用橡皮圈将毛细管缚在温度计旁，并使装样部分和温度计水银球处在同一水平位置，同时要使温度计水银球处于b形管两侧管中心部位。

【思考题】

1. 样品粉碎不够细或填装不结实，对熔点的测定有何影响？
2. 精确测量时，升温速度太快，为何不能精确测量熔点？

实验25 重结晶及过滤——苯甲酸的重结晶

【实验目的】

1. 了解重结晶的原理及方法。
2. 初步掌握热过滤、减压抽滤的使用。

【实验原理】

重结晶是纯化固体化合物的重要方法。固体有机物在溶剂中的溶解度随温度变化而改变。通常升高温度，溶解度增大，溶液为热饱和溶液；降低温度，其溶解度下降，溶液变成过饱和溶液而析出结晶。利用溶剂对被提纯物及杂质在不同温度时溶解度的不同，从而达到分离纯化的目的。

【仪器与试剂】

1. 仪器

烘箱；电加热套；锥形瓶；铁架台；锥形瓶夹；玻璃漏斗；布氏漏斗；表面皿。

2. 试剂

粗苯甲酸；沸石；粉末活性炭。

【实验内容】

1. 溶解

在 150mL 锥形瓶中，放入粗苯甲酸 3g、100mL 水和几粒沸石，在加热套中加热至沸腾，使其溶解（若不全溶，可每次加 3~5mL 热水，加热，搅拌至全部溶解）。

注意：每次加水加热搅拌后，若未溶物未减少，说明未溶物可能是不溶于水的杂质，可不必再加水。为了防止过滤时有晶体在漏斗中析出，溶剂用量可适当多一些）。

2. 脱色

纯苯甲酸无色，如果溶液有色，需用活性炭脱色。脱色时移去加热源，稍冷一下再加活性炭（注意：活性炭绝不能加到正在沸腾的溶液中，否则会引起暴沸。加入量为试样量的 1%~5%。加入量过多，活性炭会吸附一部分纯产品），搅拌，使其混合均匀，继续加热，微沸 10min。同时，准备玻璃漏斗、折叠滤纸和收集滤液的锥形瓶。

3. 热过滤

从烘箱中取出预热好的玻璃漏斗，在漏斗里放一张叠好的折叠滤纸（滤纸折叠方法见图 3.14），并用少量热水润湿，将上述热溶液尽快倒入玻璃漏斗中。每次倒入的溶液不要太满，也不要等溶液全部滤完后再加。所有溶液过滤完毕后，用少量热水洗涤锥形瓶和滤纸。

4. 结晶

滤毕，用表面皿将盛有滤液的锥形瓶盖好，放置冷却，使其结晶。稍冷后，可用冷水冷却，以使其尽快结晶完全。但是，如需要获得较大颗粒的结晶体，可在滤完后将滤液中析出的晶体重新加热溶解，在室温下，让其慢慢冷却。

5. 抽滤

结晶完成后，用布氏漏斗抽滤（注意：滤纸的大小必须和布氏漏斗的底面相等，并用少量冷水润湿，吸紧），使晶体与母液分离。用玻璃塞挤压晶体，尽量除去母液，停止抽气，加 10mL 水到漏斗中，用玻璃棒松动晶体，然后重新抽干，重复 2 次（**减压结束时，应该先通大气，再关泵，以防止倒吸**）。最后将晶体移至表面皿上，干燥，称重，计算产率。

【思考题】

1. 用活性炭脱色为什么要待固体完全溶解后加入？为什么不能在溶液沸腾时加入活性炭？
2. 使用布氏漏斗过滤时，如果滤纸大于漏斗瓷孔面时，有什么不好？

实验 26 柱色谱法分离甲基橙和亚甲基蓝

【实验目的】

1. 了解柱色谱的分离原理及应用。
2. 掌握柱色谱法的实验操作技术。

【实验原理】

甲基橙和亚甲基蓝均为指示剂，它们的结构式为：

甲基橙   亚甲基蓝

由于甲基橙和亚甲基蓝的结构不同，极性不同，吸附剂对它们的吸附能力不同，洗脱剂对它们的解吸速度也不同。极性小，吸附能力弱、解吸速度快的亚甲基蓝先被洗脱下来；而极性大，吸附能力强、解吸速度慢的甲基橙后被洗脱下来，从而使两种物质得以分离。本实验以中性氧化铝作为吸附剂，95％乙醇作为洗脱剂，先洗出亚甲基蓝，再以蒸馏水作洗脱剂将甲基橙洗脱下来。

【仪器与试剂】

1. 仪器

色谱柱（内径为20mm，长为400mm并带有砂芯的色谱柱，用之前用超声清洗干净，否则分离速度慢）；锥形瓶（3个）；玻璃漏斗。

2. 试剂

中性氧化铝；石英砂；95％乙醇；甲基橙；亚甲基蓝；甲基橙、亚甲基蓝混合溶液（浓度为 $0.5g \cdot L^{-1}$ 混合溶液）。

【实验内容】

1. 装柱（湿法）

将色谱柱固定在铁架上，向柱中倒入95％乙醇至柱高的3/5处，通过一个干燥的玻璃漏斗慢慢地加入中性氧化铝（约8g），待氧化铝粉末在柱内有一定沉积高度时，打开活塞，控制液体流速约为1滴/秒，并用木棒或带有橡皮管的玻璃棒轻轻敲打柱身下部，使氧化铝装填紧密，装满100mm高度后在上面加一层于石英砂（约5mm）。操作时要注意吸附剂始终不能露出液面。

2. 加样

当乙醇液面刚好流至与石英砂平面相切时，立即关闭活塞，向柱内滴加10滴甲基橙和亚甲基蓝的混合物（乙醇溶液），尽量避免分离混合液沾附在柱的内壁上。打开旋塞，当此溶液流至接近表面时，立即用少量溶剂洗下管壁的有色物质，关闭旋塞。

3. 洗脱

向柱内加入95％乙醇，打开旋塞进行洗脱，用锥形瓶收集蓝色的亚甲基蓝溶液。当蓝色溶液收集完后，等柱内液面接近石英砂平面时，加入蒸馏水洗脱，用另一个锥形瓶收集橙色的甲基橙溶液，待甲基橙全部被洗脱下来，即分离完毕。

【注意事项】

1. 注意洗脱时切勿使溶剂流干。
2. 实验结束后，应让溶剂尽量流干，然后倒置，用洗耳球从活塞口向管内挤压空气，将吸附剂从柱顶挤压出。使用过的吸附剂倒入垃圾桶里。
3. 色谱柱使用后，应用水冲洗干净，玻璃塞和活塞用薄纸包裹后塞回色谱柱。

【思考题】

1. 装柱不均匀或者有气泡、裂缝，将会造成什么后果？如何避免？
2. 极性大的组分为什么要用极性较大的溶剂洗脱？

实验27　简单蒸馏

【实验目的】

1. 了解蒸馏法分离提纯液体有机化合物的原理。

2. 掌握蒸馏的实验装置、操作技术及其应用。

【实验原理】

蒸馏是分离和提纯液体有机化合物最常用的方法之一。通过蒸馏还可以测定液体化合物的沸点（常量法），所以对鉴定纯粹的液体有机化合物也有一定的意义。

液体分子由于分子热运动有从液体表面逸出的倾向，这种倾向随着温度的升高而增大。液体加热，它的蒸气压就随着温度升高而增大（图5.5）。当液体的蒸气压增大到与外界大气压相等时，就有大量气泡从液体内部逸出，即液体沸腾，这时的温度称为液体的沸点。

将液体加热至沸腾，使液体汽化，然后再将蒸气冷凝为液体，这两个过程的联合操作称为蒸馏。很明显，蒸馏可将易挥发和不易挥发的物质分离开来，也可将沸点不同的液体混合物分离开来。若蒸馏沸点差别较大的液体混合物时（至少相差30℃以上），高沸点的组分则留在蒸馏瓶内，这样就达到了分离和提纯的目的。

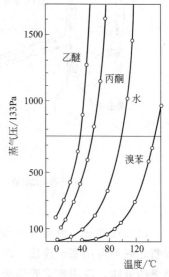

图 5.5 蒸气压与温度关系曲线

纯粹的液体有机化合物在一定的压力下具有恒定的沸点，但是具有固定沸点的液体不一定都是纯粹的化合物，因为某些化合物常和其他组分形成二元或三元共沸混合物，它们也有恒定的沸点。例如，95.5%乙醇和4.43%水组成的二元共沸混合物，其沸点是78.17℃，因此不能认为沸点恒定的物质就是纯物质。

【仪器与试剂】

1. 仪器

电加热套；温度计（100℃）；圆底烧瓶（100mL）；蒸馏头；直形冷凝管；接液管；锥形瓶；橡皮管；铁架台；铁夹；十字夹。

2. 试剂

工业酒精。

【实验内容】

1. 蒸馏装置及其安装

实验室的蒸馏装置主要包括加热汽化装置、冷凝装置和接收装置三部分。图5.6为常用的蒸馏装置，由蒸馏瓶、温度计、冷凝管、接液管和接收瓶组成。

（1）蒸馏瓶　蒸馏瓶是蒸馏时常用的仪器，液体在瓶内受热汽化，蒸气经蒸馏头进入冷凝管。根据蒸馏物的体积选择合适的蒸馏瓶（圆底烧瓶）。蒸馏物的体积一般不要超过蒸馏瓶容积的2/3，也不要少于1/3，否则沸腾时液体容易冲出或损失较大。

（2）温度计　磨口温度计可直接插入蒸馏头，普通温度计通常借助于木塞或橡皮塞把温度计固定在蒸馏头的上口处。温度计水银球的上线应和蒸馏头侧管的下线在同一水平线上。温度计位置偏高或偏低会使测得的沸点偏低或偏高。

（3）冷凝管　蒸气在冷凝管中冷凝为液体，液体的沸点低于140℃时用直形冷凝管［图5.6(a)］，冷凝管下端侧管为进水口，上端出水口应向上，以保证套管内充满水；高于140℃时用空气冷凝管［图5.6(b)］。

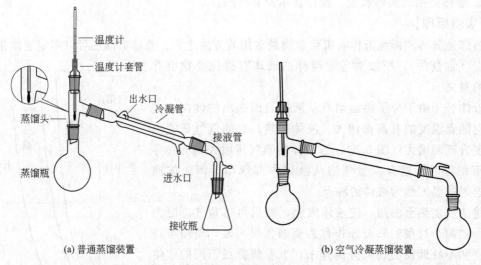

图 5.6 蒸馏装置

(4) 接收瓶　由接液管和锥形瓶或圆底烧瓶组成。用不带支管的接液管时，接液管与接收瓶之间不可用塞子连接，以免造成密闭体系，使体系压力过大而发生爆炸；而蒸馏低沸点易爆的液体，应用带支管的接液头，在支管口上接一根橡皮管通下水道。

安装仪器顺序一般都是自下而上，从左到右。要准确端正，横平竖直。无论从正面或侧面观察，全套仪器装置的轴线都要在同一平面内。铁架应整齐地置于仪器的背面。可将安装仪器概括为四个字，即稳、妥、端、正：稳，即稳固牢靠；妥，即妥善安装，消除一切不安全因素；端，即端正，整齐；正，即正确地使用和选用仪器。

2. 蒸馏操作

(1) 加料　蒸馏装置安装完毕后，首先要检查各部位连接处是否紧密不漏气。然后向蒸馏瓶内投入数粒沸石[1]，再把待蒸馏的液体通过长颈漏斗注入蒸馏瓶内，以免液体从支管流出。

(2) 加热　加热前应先开启冷凝管的冷凝水[2]，后加热。调整火力使馏出液的速度以每秒钟 1～2 滴为宜。

(3) 观察沸点及收集馏出液　蒸馏前至少需要准备两个接收器，因为在达到所需物质的沸点前，常有沸点较低的液体先蒸出，这部分馏出液称为"前馏分"。将前馏分蒸完，温度趋于稳定后，蒸出的就是较纯的物质。这时应更换一个较干净且干燥的接收器收集，记下此时的温度范围。若有规定，就按规定的温度范围收集。即使杂质含量很少，也不要蒸干，当烧瓶中残留少量（约 0.5～1mL）液体时，应停止蒸馏，以免蒸馏瓶破裂及发生爆炸事故。

(4) 蒸馏完毕，应先停止加热，然后停止通冷却水，拆卸仪器，其顺序与装配时相反。

3. 工业酒精的蒸馏

按图 5.6(a) 搭好实验装置。在 100mL 圆底烧瓶中通过长颈漏斗小心地加入 60mL 浅黄色混浊的工业酒精，加入 2～3 粒沸石[1]，塞好带有温度计的塞子，通入冷凝水[2]，然后用加热套加热。开始时加热速度可快些，并注意观察蒸馏瓶中的现象和温度计读数的变化。

当瓶内液体开始沸腾时，蒸气前沿逐渐上升，待到达温度计时，温度计读数急剧上升。调节加热速度，控制流出的液滴以每秒 1～2 滴为宜。当温度计读数升至 77℃时换一个已称量的干燥锥形瓶作接收器[3]，收集 77～79℃的馏分[4]。当瓶内只剩下少量（约 0.5～1mL）

液体时，即可停止蒸馏。称量所收集馏分的重量，计算回收率。

【注释】

[1] 如果液体中几乎不存在空气，瓶壁又非常洁净和光滑，形成气泡就非常困难，加热时，液体的温度可能上升到超过沸点很多而不沸腾，这种现象称为"过热现象"。此时，一旦有一个气泡形成，由于该液体在此温度下的蒸气压已大大超过大气压，因此上升的气泡迅速增加，甚至将液体冲出蒸馏瓶，这种现象称为"暴沸"。为了防止液体在加热过程中的过热现象，常加入沸石、碎瓷片或一端封口的毛细管，这些物质受热后能产生细小的气泡成为液体汽化中心，可以避免发生暴沸现象。当加热后才发现未加入沸石时，应使液体冷却后再加，否则也会引起暴沸。

[2] 冷凝水的流速以能保持让蒸气充分冷凝为宜。通常只需保持缓缓的水流即可。

[3] 蒸馏有机溶剂均可应用小口接收器，如锥形瓶等。

[4] 95%乙醇为一共沸混合物，而非纯物质，它具有恒定的沸点和组成，不能用普通蒸馏法进行分离。

【思考题】

1. 蒸馏液体时为什么要加沸石？
2. 温度计的水银球上部为什么要与蒸馏头支管口的下部在同一水平线上？
3. 为什么冷凝水要从冷凝管下端流入，从上端流出？

实验 28　分馏

【实验目的】

1. 了解分馏的原理、意义和分馏柱的作用。
2. 掌握实验室中分馏的操作技术。

【实验原理】

简单蒸馏对分离沸点相差较大的液体有机化合物是非常有用的，但对于沸点相差不大的液体混合物，则难以完全分开。虽然可以通过多次蒸馏得到较纯的组分，但既费时又损失较大，通常利用分馏技术来分离。

应用分馏柱将几种沸点相近的混合物进行分离的方法称为分馏，现在最精密的分馏设备已能将沸点相差仅1~2℃的混合物分开，利用蒸馏或分馏来分离混合物的原理是一样的，实际上分馏就是多次的蒸馏。

分馏的原理通常应用恒压下的沸点-组成曲线图（称为相图，表示两组分体系中相的变化情况）来说明。它是通过实验测定的各温度时气液平衡状况下的气相和液相的组成，然后以横坐标表示组成，纵坐标表示温度而作出的（如果是理想溶液，则可直接由计算作出）。

图5.7即是大气压下的苯-甲苯溶液的沸点-组成图，从图中可以看出，由苯20%和甲苯80%组成的液体（L_1）在102℃时沸腾，和此液相平衡的蒸气（V_1）组成约为苯40%和甲苯60%。

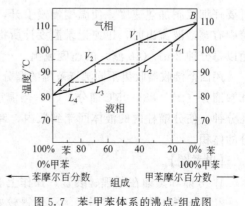

图5.7　苯-甲苯体系的沸点-组成图

若将此组成的蒸气冷凝成同组成的液体（L_1），则与此溶液成平衡的蒸气（V_2）组成约为苯 60% 和甲苯 40%。显然如此继续重复，即可获得接近纯苯的气相。

利用分馏柱进行分馏，实际上是在分馏柱内使混合物进行多次汽化和冷凝的过程，当混合蒸气沿分馏柱上升时，由于柱外空气的冷却作用，混合物中的高沸点组分易冷凝为液体流下，低沸点组分仍呈蒸气上升。当流下的冷凝液与新上升的蒸气相遇，二者之间进行热量交换，亦即上升的蒸气中高沸点的物质被冷凝下来，低沸点的物质仍呈蒸气上升。在分馏柱中经过这样多次的气液热交换，使得低沸点的物质不断上升，最后被蒸馏出来，高沸点的物质则不断流回加热器中，从而将沸点不同的物质分离。所以在分馏时，柱内不同高度的各段，其组分是不同的，靠近分馏柱顶部，低沸点的含量高，高沸点含量相对较低。

应用分馏柱的目的是要增大气液两相的接触面，提高分离效率，实验室常用的有填充分馏柱和刺形分馏柱。无论用哪一种柱，都应防止回流液体在柱内聚集，否则会减少液体和上升蒸气的接触，达不到分馏的目的。为了避免这种情况，通常在分馏柱外包扎石棉绳、石棉布等保温材料，以保持柱内温度，提高分馏效率。分馏装置如图 5.8 所示。

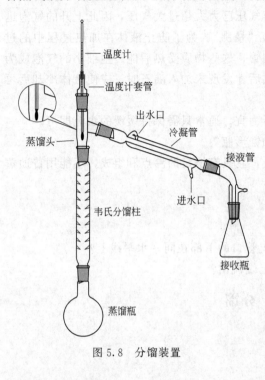

图 5.8 分馏装置

【仪器与试剂】

1. 仪器

500mL 圆底烧瓶；分馏柱；温度计；直形冷凝管；接收器；锥形瓶。

2. 试剂

50% 乙醇。

【实验内容】

在 50mL 圆底烧瓶中，加入 30mL 50% 乙醇，加入几粒沸石按图 5.8 准备装置，使温度计水银球上线与分馏柱侧管口下线相平，用加热套加热至沸腾，蒸气慢慢进入分馏柱中，此时要仔细控制加热速度，使温度慢慢上升，以保持分馏柱中有一个均匀的温度梯度，当冷凝管中有蒸馏液流出时，迅速记录温度计所指示的温度，控制加热速度，使馏出液慢慢地均匀地以每分钟 2mL（40 滴）的速度流出。

用四个接收器收集不同沸点范围的馏分。随着温度上升分别收集 78~82℃馏分（A）、82~88℃馏分（B）、88~95℃馏分（C），当温度达到 95℃以上时，停止加热。待圆底烧瓶冷却几分钟，使分馏柱内的液体回流到瓶内，卸下烧瓶，将残液倒入第四个接收瓶内，记录各馏分的体积。

【思考题】

1. 分馏和蒸馏在原理、装置、操作上有哪些异同？
2. 用分馏法提纯液体时，为了取得较好的分离效果，为什么分馏柱必须保持回流液？

实验 29　醇和酚的性质

【实验目的】
1. 掌握醇和酚的主要化学性质。
2. 加深理解醇的结构与性质的关系。

【实验原理】
醇和酚相同之处是分子中都含有羟基，但由于醇分子中的羟基是与脂肪烃基相连，而酚分子中的羟基是与苯环直接相连的，所以两者的性质具有明显的区别。

一元醇氧化的难易程度及反应产物与羟基在分子中的位置有关。伯醇很容易氧化成相应的醛，并容易继续氧化成相应的羧酸；仲醇可被氧化生成相应的酮，较难继续氧化；叔醇在一般条件下不易被氧化。

$$RCH_2OH \xrightarrow{[O]} R-\underset{H}{\underset{|}{C}}=O \xrightarrow{[O]} R-\underset{OH}{\underset{|}{C}}=O$$

$$R-\underset{H}{\underset{|}{\overset{OH}{\overset{|}{C}}}}-R' \xrightarrow{[O]} R-\underset{}{\overset{O}{\overset{\|}{C}}}-R'$$

酚羟基的氢原子比醇羟基中的氢原子活泼，酚类在水溶液中可电离而产生氢离子，呈弱酸性，因此，酚类遇到碱能生成酚盐：

$$ArOH \longrightarrow ArO^- + H^+$$
$$ArOH + NaOH \longrightarrow ArONa + H_2O$$

大多数酚类或含有酚羟基的化合物与三氯化铁作用呈特有的颜色反应：

$$6ArOH + FeCl_3 \longrightarrow H_3[Fe(OAr)_6] + 3HCl$$

此反应常用于鉴别酚类。但含有—C=C—OH（烯醇）的化合物亦能产生类似的显色反应。

【仪器与试剂】

1. 仪器
常用仪器；100℃温度计。

2. 试剂
酚酞；卢卡斯（Lucas）试剂；乙醇（95%）；苯酚（90%）；氢氧化钠（1%）；正丁醇；仲丁醇；叔丁醇；高锰酸钾溶液（0.5%）；三氯化铁溶液（10%）；饱和溴水；重铬酸钾的浓硫酸溶液（配制方法：将 5mL 浓硫酸加到 50mL 水中，再溶解 5g 重铬酸钾）。

【实验内容】

1. 酸性试验
取试管两支，各加蒸馏水 1mL、酚酞 1 滴及 1%氢氧化钠 1~2 滴，摇匀，溶液呈红色，然后两支试管中分别加入 95%乙醇、90%苯酚各 3 滴，摇匀，观察颜色的变化（酸性何者强?）。

2. 与卢卡斯（Lucas）试剂反应
取干燥试管三支，分别加入 2 滴正丁醇、仲丁醇和叔丁醇，然后各加入 3 滴 Lucas 试剂，振荡后静置，观察其变化。若无浑浊，可放在 50~60℃水浴中微热，记下混合液变浑浊的快慢。

3. 氧化反应

(1) 取试管两支，各加入 0.5％高锰酸钾溶液 3 滴和蒸馏水 0.5mL，然后分别加入 95％乙醇、90％苯酚各 3 滴，摇匀，观察哪一支试管里的高锰酸钾溶液的颜色发生了变化？再将没有变化的那支试管放在水浴中微热，观察溶液的颜色有何变化？

(2) 取试管三支，分别滴加正丁醇、仲丁醇、叔丁醇各 10 滴，然后分别加入重铬酸钾的浓硫酸溶液 0.5mL，摇匀，稍稍加热，注意观察氧化剂颜色由橙黄色变成绿色，由此证明哪些醇已被氧化？

4. 酚与三氯化铁的显色反应

取试管一支，加蒸馏水 0.5mL，加入 90％苯酚、10％三氯化铁溶液各 1 滴，振摇片刻，观察颜色的变化。

5. 苯酚的溴代反应

取试管一支，加入 90％苯酚溶液 1 滴，加蒸馏水 10 滴，摇匀，呈透明，然后逐滴加入饱和溴水，起初溶液浑浊，振摇后变清，直到刚好生成白色沉淀为止。写出相应的反应式。

【思考题】

1. 能否用 Lucas 试剂来鉴别所有的伯、仲、叔醇？为什么？
2. 如何鉴别乙醇和水杨酸？
3. 试设计一方案，如何除去混杂在苯中苯酚？

附：Lucas 试剂的配制方法

1. 常规配制法

将 34g 无水氯化锌置于蒸发皿中加热熔融，稍冷后放在干燥器中冷至室温，取出捣碎，置于 23mL 浓盐酸（密度 $1.187g \cdot cm^{-3}$）中。配制时再加以搅动，并把容器放在冰水浴中冷却，以防氯化氢逸出。

2. 改进配制方法

直接将装有 500g 氯化锌的试剂瓶置入冷水浴中，然后加适量浓盐酸于试剂瓶中，将盖轻轻盖上，不要旋紧，让其慢慢溶解。过一天后将上层清液倒入 1000mL 棕色的磨口瓶中，如果还有未溶解的氯化锌，再加入一定量得浓盐酸，使其自然溶解后，并倒入 1000mL 的棕色磨口试剂瓶中，最后加入浓盐酸至溶液总体积为 1000mL 左右（装满 1000mL 的试剂瓶即可），备用。

实验 30 乙酸乙酯的合成

【实验目的】

1. 学习酯的合成方法。
2. 掌握三颈瓶的用法及带尾气管的蒸馏操作技术。

【实验原理】

乙酸乙酯可通过乙醇和乙酸在浓硫酸催化下直接酯化来制取，反应式为：

$$CH_3COOH + CH_3CH_2OH \xrightleftharpoons[\triangle]{\text{浓 }H_2SO_4} CH_3COOCH_2CH_3 + H_2O$$

在浓硫酸存在下加热，还会发生乙醇分子间脱水生成乙醚的副反应，反应式为：

$$2CH_3CH_2OH \xrightleftharpoons[\triangle]{\text{浓 }H_2SO_4} CH_3CH_2OCH_2CH_3 + H_2O$$

由于酯化反应是可逆的,为提高乙酸乙酯的产率,实验中除采用过量的乙醇和乙酸作用外,还利用酯和水形成二元共沸混合物(沸点 70.4℃),且沸点比乙醇(78℃)和乙酸(118℃)的沸点都低的特点,及时蒸出产物酯,这样就可提高乙酸乙酯的产率。

蒸出物中,除产物乙酸乙酯外,还含有水、未反应的乙酸、乙醇和副产物乙醚等杂质。因此,须经饱和食盐水、饱和碳酸钠和饱和氯化钙溶液处理,以除去这些杂质。产物经干燥、蒸馏,才得到纯的乙酸乙酯产物。

原料乙酸、乙醇及产物乙酸乙酯的物性常数见表 5.24。

表 5.24 乙酸、乙醇及产物乙酸乙酯的物性常数

名称	分子量 /g·mol^{-1}	熔点/℃	沸点/℃	相对密度	折射率	溶解度		
						水	醇	醚
乙酸	60.05	16.6	117.9	1.0492	1.3716	溶	溶	溶
乙醇	46.07	−117.3	78.5	0.7893	1.3611	溶	溶	溶
乙酸乙酯	88.12	−83.6	77.06	0.9003	1.3723	微溶	溶	溶

【仪器与试剂】

1. 仪器

三颈瓶(125mL);滴液漏斗(60mL);温度计;玻璃漏斗;细口瓶;量筒;直形冷凝管;锥形瓶;接液管;分液漏斗;磨口蒸馏装置(一套);烧杯;电加热套。

2. 试剂

乙醇(95%);浓硫酸;冰乙酸;无水硫酸镁(C.P.);饱和氯化钙溶液;饱和碳酸钠溶液;饱和食盐水溶液;沸石;pH 试纸。

【实验内容】

在 125mL 三颈瓶中,加入 12mL 95%乙醇,然后在不断搅拌下,将 12mL 浓硫酸分数次慢慢加入,并加入几粒沸石。三颈瓶旁边两口分别插入 60mL 滴液漏斗、温度计,漏斗末端及温度计水银球均应浸入液面以下,距瓶底 5~15mm 处。中间一口安装蒸馏头,并与直形冷凝管连接,冷凝管下端通过接液管伸入锥形瓶中,装置见图 5.9。

在滴液漏斗中放入 12mL 95%乙醇和 12mL 冰乙酸(约 0.21mol),混匀,先由滴液漏斗加入 3~4mL 混

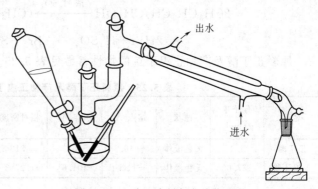

图 5.9 乙酸乙酯制备实验装置图

合液,然后将三颈瓶用电加热套小火加热,当反应液温度升到 110~120℃时,再由滴液漏斗慢慢滴加其余的混合液。控制滴入速度和蒸出速度大致相等,并维持温度在 110~120℃之间(温度高于 120℃会增加副产物乙醚的含量,滴加速度太快会使酸与醇来不及作用而蒸出)。滴加完毕后,继续加热数分钟,直至温度升高到 130℃时不再有液体馏出为止。

将馏出液倒入烧杯中,在搅拌下用饱和碳酸钠溶液中和酸,直至无气泡产生(约 10mL)。将混合物移入分液漏斗中,静置分层中,放出下层水层(弃去)。用 pH 试纸检验酯层是否中性,若酯层仍显酸性,再用饱和碳酸钠溶液洗涤至酯层不显酸性为止。然后依次

用等体积的饱和食盐水和饱和氯化钙溶液各洗涤 2 次，弃去下层水层，最后酯层从漏斗上口倒入干燥的细口瓶中，用无水硫酸镁干燥（约 2g）。

将干燥后的乙酸乙酯倒入干燥的 50mL 圆底烧瓶中，再加几粒沸石，进行加热蒸馏，收集 76～78℃的馏分。

【思考题】
1. 影响乙酸乙酯产率的因素有哪些？如何提高乙酸乙酯产率？
2. 粗产品中有哪些杂质？如何除去？

实验 31　正溴丁烷的合成

【实验目的】
1. 学习由醇、溴化钠和浓硫酸制备溴代烷的方法。
2. 掌握回流、蒸馏、有毒气体吸收装置以及分液漏斗的使用等操作。

【实验原理】
卤代烃可通过多种方法制备。实验室制备卤代烃最常用的方法是将结构对应的醇通过亲核取代反应转变为卤代烃，常用的卤代烃试剂有氢卤酸、三卤化磷和氯化亚砜。

本实验是利用溴化钠与浓硫酸作用产生的氢溴酸与正丁醇反应来制取正溴丁烷。反应如下：

$$NaBr + H_2SO_4 \longrightarrow HBr + NaHSO_4$$
$$n\text{-}C_4H_9OH + HBr \rightleftharpoons n\text{-}C_4H_9Br + H_2O$$

正溴丁烷的合成反应是可逆反应。为提高产率，可增加溴化钠和浓硫酸的用量，以保持溴化氢有较高的浓度。为了防止溴化氢的挥发和减少副产物的生成，需加入适量的水。

可能的副反应有：

$$CH_3CH_2CH_2CH_2OH \xrightarrow[\triangle]{\text{浓 } H_2SO_4} CH_3CH_2CH=CH_2 + H_2O$$

$$2CH_3CH_2CH_2CH_2OH \xrightarrow[\triangle]{\text{浓 } H_2SO_4} (CH_3CH_2CH_2CH_2)_2O + H_2O$$

$$2HBr + H_2SO_4 \longrightarrow Br_2 + SO_2 + 2H_2O$$

原料正丁醇及产物正溴丁烷的物性常数见表 5.25。

表 5.25　原料正丁醇及产物正溴丁烷的物性常数

名称	分子量 /g·mol^{-1}	性状	熔点/℃	沸点/℃	相对密度	折射率	溶解度		
							水	醇	醚
正丁醇	74.12	无色液体	-46.7	158	0.8136	1.4178	不溶	溶	溶
正溴丁烷	137.03	无色液体	-112.4	101.6	1.2758	1.4401	不溶	溶	溶

【仪器与试剂】
1. 仪器
圆底烧瓶（50mL）；圆底烧瓶（100mL）；球形冷凝管；量筒（50mL）；长颈漏斗；分液漏斗（2 个）；锥形瓶（50mL）；烧杯（数只）；简单蒸馏装置。

2. 试剂
正丁醇；溴化钠；浓硫酸；氢氧化钠溶液；饱和碳酸氢钠溶液；无水氯化钙。

【实验内容】
在 100mL 圆底烧瓶中，加入 10mL 蒸馏水，再小心地加入 14.5mL 浓硫酸，混合均匀后冷至室温[1]。依次加入 9.3mL 正丁醇及 12.5g 研细的溴化钠，充分振荡后加入几粒沸石。尽快装上球形冷凝管，并在其上端接一套吸收溴化氢气体的装置，见图 5.10（注意：勿使漏斗全部埋入水中，以免倒吸）。将烧瓶加热回流 1h，并经常摇动。冷却后，拆去回流装置，改为蒸馏装置。用 50mL 锥形瓶作接收瓶，烧瓶中再加入几粒沸石，加热，蒸出所有的正溴丁烷[2]。

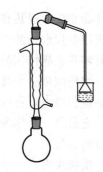

图 5.10　正溴丁烷制备实验装置图

将馏出液移至分液漏斗中，加入 15mL 水洗涤[3]，将下层粗产物分入另一干燥的分液漏斗中，用 5mL 浓硫酸洗涤[4]。尽量把硫酸层分离干净，余下的有机层自漏斗上口倒入原来已洗干净的分液漏斗中，再依次用水、饱和碳酸氢钠溶液、水各 15mL 洗涤。将下层产物置于干燥的 50mL 锥形瓶中，加入适量无水氯化钙，塞紧瓶塞干燥 30min。

干燥后的产物通过置有折叠滤纸的小漏斗滤入 50mL 圆底烧瓶中，加入沸石，然后加热蒸馏，收集 99~103℃ 的馏分。

【注释】

[1] 如不充分摇动并冷却至室温，加入溴化钠后，溶液往往变成红色，即有溴游离出来。

[2] 正溴丁烷是否蒸完，可从下列几方面判断。

① 蒸出液是否由浑浊变为澄清。

② 反应瓶上层油是否消失。

③ 取一支试管收集几滴馏出液，加水摇动，观察有无油珠出现或下沉。如馏出液中已无有机物，蒸馏已完成。蒸馏不溶于水的有机物时，常可用此法检验。

[3] 如水洗后产物尚呈红色，可用少量的饱和亚硫酸氢钠水溶液洗涤以除去由于浓硫酸的氧化作用生成的游离溴。

$$Br_2 + 3NaHSO_3 \longrightarrow NaHSO_4 + 2NaBr + 2SO_2 + H_2O$$

[4] 浓硫酸可洗去粗产物中少量未反应的正丁醇和副产物丁醚等杂质，否则正丁醇和正溴丁烷可形成共沸物而难以除去。

【思考题】

1. 加料时，先使溴化钠和浓硫酸混合，然后再加上正丁醇和水，行不行？为什么？

2. 反应物的产物中可能含有哪些杂质？各步洗涤的目的何在？用浓硫酸洗涤时为何要用干燥的分液漏斗？

3. 用分液漏斗洗涤产物时，正溴丁烷时而在上层，时而在下层，你用什么简便的方法加以判断？

4. 为什么既加浓硫酸又要加蒸馏水呢？可否将浓硫酸冲得很稀？

实验 32　乙酰水杨酸的制备

【实验目的】

1. 了解羧酸酯制备的原理和方法。
2. 初步掌握减压抽滤操作。

【实验原理】

乙酰水杨酸（acetyl salicylic acid），通常称为阿司匹林（aspitin），是由水杨酸（邻羟基苯甲酸）和乙酸酐合成的。早在 18 世纪，人们已从柳树皮中提取了水杨酸，并注意到它可以作为止痛、退热和抗炎药，不过对肠胃刺激作用较大。19世纪末，人们终于成功地合成了可以替代水杨酸的有效药物——乙酰水杨酸。直到目前，阿司匹林仍然是一个广泛使用的具有解热止痛作用治疗感冒的药物。

水杨酸是一个具有酚羟基和羧基双官能团的化合物，能进行两种不同的酯化反应。当与乙酸酐作用时，可以得到乙酰水杨酸，即阿司匹林；如与过量的甲醇反应，生成水杨酸甲酯，它是第一个作为冬青树的香味成分被发现的，因此通称为冬青油。本实验将进行前一个反应的实验。

反应式为：

$$\text{水杨酸} + (CH_3CO)_2O \xrightarrow{H^+} \text{乙酰水杨酸} + CH_3COOH$$

在生成乙酰水杨酸的同时，水杨酸分子之间可以发生缩合反应，生成少量的聚合物：

$$n\ \text{水杨酸} \xrightarrow{H^+} \text{聚合物} + nH_2O$$

乙酰水杨酸能与碳酸氢钠反应生成水溶性钠盐，而副产物聚合物不溶于碳酸氢钠，这种性质上的差别可用于阿司匹林的纯化。

可能存在于最终产物中的杂质是水杨酸本身，这是由于乙酰化反应不完全或由于产物在分离步骤中发生水解造成的，可在各步纯化过程和产物的重结晶过程中被除去。与大多数酚类化合物一样，水杨酸可以与三氯化铁形成深色络合物；而阿司匹林因酚羟基已被酰化，不再与三氯化铁发生颜色反应，因此很容易检出杂质。

【仪器与试剂】

1. 仪器

恒温水浴锅；分析天平；锥形瓶（125mL，配橡皮塞，割小缺口）；量筒（20mL）；布氏漏斗；吸滤瓶。

2. 试剂

水杨酸（2g，0.014mol）；乙酸酐（5.4g，5mL，0.05mol）；饱和碳酸氢钠水溶液；三氯化铁溶液（1%）；乙酸乙酯；浓硫酸；盐酸溶液（浓盐酸与水的体积比为1∶2）；冰块。

【实验内容】

(1) 在125mL锥形瓶中加入2g水杨酸、5mL乙酸酐和5滴浓硫酸，旋转摇动锥形瓶使水杨酸全部溶解。

(2) 在水浴上加热5～10min，控制浴温在85～90℃。

(3) 冷至室温，即有乙酰水杨酸结晶析出。若不结晶，可用玻璃棒摩擦瓶壁并将反应物置于冰水中冷却使结晶产生。

(4) 加入50mL水，将混合物继续在冰水浴中冷却使结晶完全。

(5) 减压过滤，用滤液反复淋洗锥形瓶直至所有晶体被收集到布氏漏斗中。用少量冷水洗涤结晶数次，继续抽吸，将溶剂尽量抽干。

(6) 粗产物转移至表面皿上，在空气中风干，称重（粗产物约1.8g）。

(7) 将粗产物转移至150mL烧杯中，在搅拌下加入25mL饱和碳酸氢钠溶液，加完后继续搅拌几分钟,直至无二氧化碳气泡产生。

(8) 抽滤,副产物聚合物被滤出,用 5~10mL 水冲洗漏斗,合并滤液,倒入预先盛有 15mL 盐酸溶液的烧杯中,搅拌均匀,即有乙酰水杨酸沉淀析出。将烧杯置于冰水浴中冷却,使结晶完全。减压过滤,尽量抽去滤液,再用冷水洗涤 2~3 次,抽干水分,将结晶移至表面皿上,干燥后称量质量。

(9) 取几粒结晶加入盛有 5mL 蒸馏水的试管中,加入 1~2 滴三氯化铁溶液,观察有无颜色反应。

【注意事项】

分液漏斗使用后,应用水冲洗干净,玻璃塞和活塞用薄纸包裹后塞回去。

【思考题】

1. 制备乙酰水杨酸时,加入浓硫酸的目的是什么?
2. 制备乙酰水杨酸的反应中有哪些副产物?如何除去?

实验 33 从茶叶中提取咖啡碱

【实验目的】

1. 通过从茶叶中提取咖啡碱,掌握从天然产物中提取纯化有机化合物的方法。
2. 学会使用索式(Soxhlet)提取器并掌握升华的基本操作。

【实验原理】

咖啡碱又称咖啡因,具有刺激心脏、兴奋大脑神经和利尿等作用,主要用作中枢神经兴奋药。它也是复方阿司匹林(APC)等药物的组分之一。

咖啡碱是一种生物碱,化学名称为 1,3,7-三甲基-2,6-二氧嘌呤,其结构式为:

含结晶水的咖啡碱为白色针状晶体,味苦,能溶于水、乙醇、氯仿等,微溶于石油醚。在 100℃时失去结晶水,并开始升华,120℃时升华现象相当显著,178℃时迅速升华。无水咖啡碱的熔点为 238℃。

茶叶中含有多种生物碱,其中以咖啡碱为主,占 1%~5%。另外还含有 11%~12% 丹宁酸(鞣酸)、0.6%色素、纤维素、蛋白质等。本实验采用索式提取法从茶叶中提取咖啡碱,利用咖啡碱易溶于乙醇、易升华等特点,以 95%乙醇作溶剂,通过索氏提取器(又称脂肪提取器),进行连续提取,然后浓缩、焙炒而得粗制咖啡碱,再通过升华提取得到纯的咖啡碱。

【仪器与试剂】

1. 仪器

磨口索氏提取器(一套);酒精灯;石棉网;铁三角;蒸发皿;玻璃棒;温度计;研钵;天平;量筒;玻璃漏斗;烧杯;蒸馏头;直形冷凝管;接引管;锥形瓶;磨口接头(24/19)。

2. 试剂

茶叶;95%乙醇;生石灰。

【实验内容】
1. 粗提
(1) 连续萃取

称取 10g 碾碎的茶叶末,装入滤纸筒中,把滤纸筒小心放入提取器中,取 100mL 95% 乙醇加入烧瓶中,加入几粒沸石后加热(见图 5.11),连续提取 1.5h (虹吸 7~8 次)。当提取液的颜色变得很淡,提取器内的液体刚刚下去时,立即停止加热(现象:烧瓶中的液体颜色越来越深,无色──→浅绿──→深绿──→墨绿;提取器中的液体则相反,颜色越来越浅,深绿──→浅绿──→接近无色)。

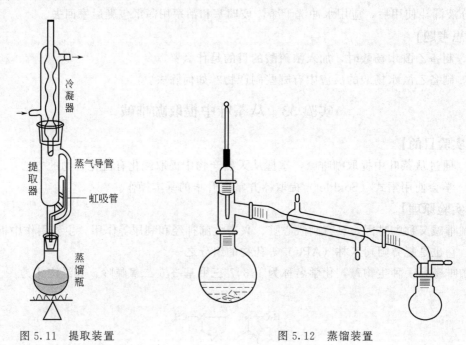

图 5.11 提取装置　　　　图 5.12 蒸馏装置

(2) 蒸馏浓缩

稍冷,将装置改为蒸馏装置(见图 5.12,只需在原烧瓶上加上蒸馏器件),蒸出大部分乙醇并回收。当烧瓶中液体只剩下 2~4mL 时,停止加热。

(3) 加碱中和并除水

趁热将瓶中的残液倾入蒸发皿中,拌入生石灰 4g,使成糊状,在蒸汽浴上蒸干(见图 5.13),其间应不断搅拌,并压碎块状物。然后将蒸发皿移至石棉网上焙炒片刻,除尽水分。冷却后,擦去沾在蒸发皿边缘上的粉末,以免下一步升华时污染产物(现象:墨绿色的糊状物加热后变干、结块,颜色略微变浅,有强烈茶叶气味,最后成为墨绿色粉末)。

2. 纯化

取一只合适的玻璃漏斗,罩在隔以刺有许多小孔的滤纸的蒸发皿上(见图 5.14),小火小心加热,随着温度的升高,咖啡碱开始升华,其蒸气通过滤纸的小孔上升,遇到漏斗内壁冷却,直接冷凝为固体,附在漏斗内壁或滤纸的上面。当滤纸上出现白色针状结晶时,暂停加热,冷却至 100℃ 左右。小心取下漏斗,将滤纸上和漏斗内壁的产品刮下。将蒸发皿中残渣加以搅拌,重新放好滤纸和漏斗,用较大的火焰加热,再升华一次。这时火焰也不能太大,一旦出现褐色烟雾,立即停止加热,否则升华产物既受污染,又遭损失。合并两次升华收集的咖啡碱并称重。

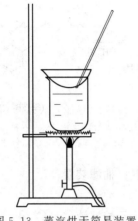

图 5.13　蒸汽烘干简易装置

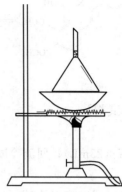

图 5.14　常压升华装置

【注意事项】

1. 索式提取器是利用溶剂回流和虹吸原理，使固体物质连续不断地为纯溶剂所萃取的仪器。索式提取器为配套仪器，其任一部件损坏将会导致整套仪器的报废，特别是虹吸管极易折断，所以在安装仪器和实验过程中须特别小心。

2. 用滤纸包茶叶末时要严实，上下端用棉线扎紧，中间也用棉线扎几圈，以防止茶叶末漏出堵塞虹吸管。滤纸包大小要合适，既能紧贴套管内壁，又能方便取放，且其高度不能超出虹吸管高度。

3. 拌入生石灰要均匀，生石灰的作用除吸水外，还可中和除去部分酸性杂质（如鞣酸）。

4. 升华前，一定要将水分完全除去，否则在升华时漏斗内会出现水珠。遇此情况，则用滤纸迅速擦干水珠并继续焙烧片刻而后升华。

5. 升华过程中要控制好温度。若太低，升华速度较慢；若太高，会使产物发黄（分解）。

【思考题】

1. 本实验中生石灰的作用有哪些？
2. 除可用乙醇萃取咖啡因外，还可采用哪些溶剂萃取？

实验 34　黄连素的提取

【实验目的】

1. 学习从中草药提取生物碱的原理和方法。
2. 熟悉固液提取的装置及方法。

【实验原理】

黄连为我国特产药材之一，又有很强的抗菌效力，对急性结膜炎、口疮、急性细菌性痢疾、急性肠胃炎等均有很好的疗效。黄连中含有多种生物碱，以黄连素（俗称小檗碱，Berberine）为主要有效成分，随野生和栽培及产地的不同，黄连中黄连素的含量为 4%~10%。含黄连素的植物很多，如黄柏、三颗针、伏牛花、白屈菜、南天竹等，它们均可作为提取黄连素的原料，但以黄连和黄柏中的含量为高。

黄连素是黄色针状体，微溶于水和乙醇，较易溶于热水和热乙醇中，几乎不溶于乙醚。黄连素存在三种互变异构体，但自然界多以季铵碱的形式存在。黄连素的盐酸盐、氢碘酸盐、硫酸盐、硝酸盐均难溶于冷水，易溶于热水，其各种盐的纯化都比较容易。

![黄连素三种互变异构体结构式：醇式、醛式、季铵碱式]

（醇式）　　　　　　　　（醛式）　　　　　　　　（季铵碱式）

【仪器与试剂】

1. 仪器

圆底烧瓶（25mL）；回流冷凝装置；减压蒸馏装置；抽滤装置。

2. 试剂

黄连（2~3g）；95％乙醇（10~15mL）；浓盐酸；乙酸溶液（1％）。

【实验内容】

（1）称取 2g 磨细的中药黄连，放入 25mL 圆底烧瓶中，加入 10mL 乙醇，装上回流冷凝管，在热水浴中加热回流 0.5h，冷却并静置浸泡 0.5h，抽滤，滤渣重复上述操作处理 1 次，合并两次所得滤液。

（2）在水泵减压下蒸出乙醇，再加入 1％乙酸溶液（6~8mL），加热溶解，趁热抽滤以除去不溶物，然后在滤液中滴加浓盐酸至溶液混浊为止（约需 2mL），放置冷却即有黄色针状晶体析出。

（3）抽滤结晶，并用冰水洗涤 2 次，再用丙酮洗涤 1 次，烘干后称重。

该实验流程如图 5.15 所示。

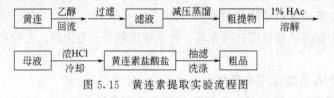

图 5.15　黄连素提取实验流程图

【实验结果】

品名	性状	产量	收率

【注意事项】

1. 本实验也可用 Soxhlet 提取器连续提取。

2. 要得到纯净的黄连素晶体比较困难，黄连素的物理常数见表 5.26。一般将黄连素盐酸盐加热水至刚好溶解，煮沸，用石灰乳调节 pH=8.5~9.8，冷却后滤去杂质，滤液继续冷却到室温以下，即有针状体的黄连素析出，抽滤，将结晶在 50~60℃下干燥，即得。

表 5.26　黄连素的物理常数（文献值）

名称	分子量 /g·mol^{-1}	性状	相对密度	熔点/℃	沸点/℃	溶解度		
						水	醇	醚
黄连素	353.36	黄色针晶	1.17	145		微溶于水和醇	易溶于热水和热醇	不溶

【思考题】
1. 黄连素为何种生物碱类的化合物？
2. 为何要用石灰乳来调节 pH 值，用强碱氢氧化钾（钠）行不行？为什么？

实验 35 阿司匹林的合成、鉴定与含量分析

【实验目的】
1. 掌握乙酰水杨酸的合成方法。
2. 进一步练习重结晶及熔点测定等基本操作。
3. 通过实践了解紫外光谱法、红外光谱法、核磁共振谱法在有机合成中的应用。

【实验原理】
乙酰水杨酸，通常称为阿司匹林（aspirin），是由水杨酸（邻羟基苯甲酸）和乙酸酐合成的。19 世纪末，人们成功合成了乙酰水杨酸，直到目前，阿司匹林仍然是一个广泛使用的具有解热止痛作用治疗感冒的药物。

反应式：

在生成乙酰水杨酸的同时，水杨酸分子之间可以发生缩合反应，生成少量的聚合物：

乙酰水杨酸能与碳酸氢钠反应生成水溶性钠盐，而副产物聚合物不溶于碳酸氢钠，这种性质上的差别可用于阿司匹林的纯化。

由于乙酰化反应不完全，在产物中可能含有水杨酸，它可以在各步纯化过程和产物的重结晶过程中被除去。与大多数酚类化合物一样，水杨酸可与三氯化铁形成深色络合物，而阿司匹林因酚羟基已被酰化，不再与三氯化铁发生颜色反应，因而杂质很容易被检出。

乙酰水杨酸的红外光谱（IR）特征如图 5.16 所示。

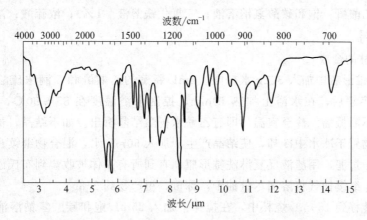

图 5.16 乙酰水杨酸（阿司匹林）的红外光谱图

乙酰水杨酸的核磁共振谱（^{1}H-NMR）如图 5.17 所示。

图 5.17　乙酰水杨酸（阿司匹林）的核磁共振谱图

由 IR、^{1}H-NMR 可确定产物为乙酰水杨酸。

为了测定产品中乙酰水杨酸的含量，产物用稀氢氧化钠溶液溶解，乙酰水杨酸水解生成水杨酸钠：

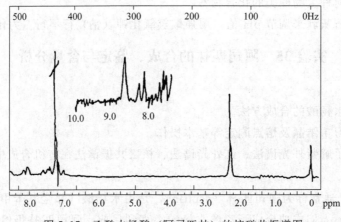

该溶液在 296.5nm 左右有个吸收峰，测定稀释成一定浓度的产品氢氧化钠水溶液的吸光度值，并用已知浓度的水杨酸的氢氧化钠水溶液作一条标准曲线，则可从标准曲线上求出相当于乙酰水杨酸的含量。根据两者的分子量，即可求产物中乙酰水杨酸的含量：

$$c_{乙酰水杨酸} = c_{水杨酸} \times \frac{180.15}{138.12}$$

【仪器与试剂】

1. 仪器

IR-408 红外光谱仪；岛津 UV-1201 紫外分光光度计；AC-80 核磁共振仪；容量瓶（100mL）；移液管；滴管；石英池；锥形瓶（125mL）；温度计；抽滤装置；电热熔点仪。

2. 试剂

水杨酸；乙酸酐；饱和碳酸氢钠溶液；三氯化铁溶液（1%）；浓硫酸；浓盐酸；氯仿。

【实验内容】

1. 阿司匹林的合成

在 125mL 锥形瓶中加入 3.2g 水杨酸、8mL 新蒸的乙酸酐和 5 滴浓硫酸，旋摇锥形瓶使水杨酸全部溶解后，在水浴上加热 10min，控制水浴温度在 85～90℃，保持瓶内温度 70℃左右，并不断振摇。冷至室温，即有乙酰水杨酸结晶析出。如不结晶，可用玻璃棒摩擦瓶壁并将反应物置于冰水中冷却，使结晶产生。加入 50mL 水，混合物继续在冰水中冷却使结晶完全。减压过滤，用滤液反复淋洗锥形瓶，直到所有晶体被收集到布氏漏斗中，用少量冷水洗涤结晶，继续抽气将溶剂尽量抽干，称量，粗产物约 2.8g。

将粗产物转移到 150mL 烧杯中，在搅拌下加入 25mL 饱和碳酸氢钠溶液，加完后继续搅拌几分钟，直到无二氧化碳气泡产生。抽滤，副产品聚合物被滤出，用 5～10mL 水冲洗漏斗，合并滤液，倒入预先盛有 5mL 浓盐酸和 10mL 水配成溶液的烧杯中，搅拌均匀，即有乙酰水杨酸沉淀析出，将烧杯置于冰水浴中冷却，使结晶完全。抽滤用玻璃塞压干，再用少量冷水洗涤 2 次，压干，将结晶移到表面皿上，干燥后称重约 2g。取几粒结晶加入盛有 5mL 蒸馏水的试管中，加入 1～2 滴 1‰ 三氯化铁溶液，观察有无颜色反应。

2. 阿司匹林的鉴定

(1) 在电热熔点仪上测定熔点，文献值为 133～135℃。乙酰水杨酸易受热分解，因此熔点不很明显，其分解温度为 128～135℃。测定熔点时，应将热载体加热至 120℃ 左右，然后放入样品测定。

(2) 用溴化钾压片法测定产物的红外光谱图，指出各主要吸收特征峰的归属，并与乙酰水杨酸的标准图谱比较。

(3) 用氘代氯仿为溶剂，测定 ^{1}H-NMR 图谱，解析图谱进一步证实产物为乙酰水杨酸。

3. 产物中乙酰水杨酸含量的测定

准确称量 0.1000g 水杨酸样品于 100mL 容量瓶中，加入 50mL 蒸馏水，温热使水杨酸溶解。溶解后冷却溶液，加蒸馏水至刻度，标记为"原始标准贮备液"。

用 5.0mL 移液管和 5 个 100mL 容量瓶，分别移取 1.00mL、2.00mL、3.00mL、4.00mL、5.00mL 标准贮备液于 5 个 100mL 容量瓶中，并在每个容量瓶中各加入 1.00mL 0.01mol·L^{-1} NaOH 溶液，标记每个容量瓶，用蒸馏水定容至刻度，以每毫升溶液中样品的质量计算每个容量瓶中标准溶液的浓度。

在 UV-1201 紫外分光光度计上扫描一个标准溶液在 250～350nm 范围的紫外吸收光谱，记录最大吸收波长和最大吸光度。以 5 个标准溶液的吸光度对相应的浓度（mg·L^{-1}）作图，得一条很好的直线。

准确称取本实验合成的乙酰水杨酸 0.1000g，加 40mL 0.1mol·L^{-1} NaOH 溶液搅拌数分钟，转移到 100mL 容量瓶中，用蒸馏水稀释到刻度。再移 2.00mL 上述溶液到 100mL 容量瓶中，用蒸馏水稀释至刻度。以此稀释液作为试样，测试 250～350nm 范围的紫外吸收光谱，读出 λ_{max} 的吸光度值。

根据这个吸光度值，即可以从标准曲线上查到该待测液浓度，换算成乙酰水杨酸的浓度，即

$$m_{乙酰水杨酸} = c_{乙酰水杨酸} \times \frac{100}{2} \times 100 = c_{水杨酸} \times \frac{180.15}{138.12} \times \frac{100}{2} \times 100$$

式中，浓度单位为 mg·mL^{-1}。

$$w_{乙酰水杨酸}(\%) = \frac{m_{乙酰水杨酸}}{m_{样品}} \times 100$$

【注意事项】

1. 水杨酸应当干燥。乙酸酐应是新蒸的，收集 139～149℃ 的馏分。

2. 反应温度不宜太高，否则将增加副产物的生成，如水杨酰水杨酸酯、乙酰水杨酸水杨酸酯等。

【思考题】

1. 酰化反应加入浓硫酸的目的是什么？

2. 重结晶前后做三氯化铁实验的目的是什么？

5.3 物理化学实验

实验 36 燃烧热的测定

【实验目的】

1. 用氧弹量热计测定萘的燃烧热。
2. 了解恒压燃烧热与恒容燃烧热的区别。
3. 了解氧弹量热计中主要部分的作用，掌握氧弹量热计使用的实验技术。

【实验原理】

1. 燃烧热与氧弹量热计

燃烧热是指 1mol 物质完全燃烧时所放出的热量。物质的各元素，在经过完全燃烧反应后，必须呈现本元素的最高化合价，如 C 经燃烧反应后，变成 CO_2 时，方可认为是完全燃烧。同时还必须指出，反应物和生成物在指定的温度下都属于标准态，如苯甲酸在 298.15K 时的燃烧反应方程为：

$$C_6H_5COOH(s) + \frac{15}{2}O_2(g) = 7CO_2(g) + 3H_2O(l)$$

由热力学第一定律可知，恒容条件下测得的热效应 Q_V，即 ΔU；恒压条件下测得的热效应 Q_p，即 ΔH。它们之间的相互关系如下：

$$Q_p = Q_V + \Delta n(RT) \tag{1}$$

式中，Δn 为反前后气态物质的物质的量之差；R 为摩尔气体常数；T 为反应的热力学温度。

本实验通过测定萘完全燃烧时的恒容燃烧热，然后再计算出萘的恒压燃烧热。热是一个很难测定的物理量，热量的传递往往表现为温度的改变，而温度却很容易测量。如果有一种仪器，已知它每升高一摄氏度所需的热量，那么，我们就可在这种仪器中进行燃烧反应，只要观察到所升高的温度就可知燃烧放出的热量。根据这一热量我们便可求出物质的燃烧热。

在实验中我们所用的恒温氧弹量热计（恒温氧弹卡计）就是这样一种仪器。为了测得恒容燃烧热，我们将反应置于一个恒容的氧弹中，为了燃烧完全，在氧弹内充入 20 个左右大气压的纯氧。这一装置的构造将在下面做详细介绍。

为了确定氧弹量热计每升高一摄氏度所需要的热量，也就是量热计的热容，可用通电加热法或标准物质法。本实验用标准物质法来测量量热计的热容，即确定仪器的水当量。这里所说的标准物质为苯甲酸，其恒容燃烧时放出的热量为 26460J·g^{-1}。实验中将苯甲酸压片准确称量并扣除 Cu-Ni 合金丝的质量后与该数值的乘积即为所用苯甲酸完全燃烧放出的热量。Cu-Ni 合金丝燃烧时放出的热量及实验所用 O_2 中带有的 N_2 燃烧生成氮氧化物溶于水，所放出的热量的总和一并传给量热计使其温度升高。根据能量守恒原理，物质燃烧放出的热量全部被氧弹及周围的介质（本实验为3000mL水）等所吸收，得到温度的变化为 ΔT，所以氧弹量热计的热容为：

$$C_{卡} = \frac{Q}{\Delta T} = \frac{mQ_V + 2.9l + 5.98V}{\Delta T} \tag{2}$$

式中，m 为苯甲酸的质量（准确到 0.00001g，g）；l 为燃烧掉的 Cu-Ni 合金丝的长度，cm；2.9 为每厘米 Cu-Ni 合金丝燃烧放出的热量单位，J·cm^{-1}；V 为滴定燃烧后氧弹内的洗涤液所用的 0.1mol•NaOH 溶液的体积，mL；5.98 为消耗 1mL 0.1mol•L NaOH 溶液所相当的热量，J。由于此项结果对 Q_V 的影响甚微，所以常省去不计。

确定了仪器（含 3000mL 水）热容 $C_卡$，我们便可根据公式(3)求出欲测物质的恒容燃烧热 Q_V，即

$$Q_{V(待测)} = (C_卡 \Delta T - 2.9l)/m_{(待测物质的质量)} \times M \tag{3}$$

然后根据公式(1)求得该物质的恒压燃烧热 Q_p，即 ΔH。

2. 用雷诺作图法校正 ΔT

尽管在仪器上进行了各种改进，但在实验过程中仍不可避免环境与体系间的热量传递，这种传递使得我们不能准确地由温差测定仪上读出仅由于燃烧反应所引起的升温 ΔT。而用雷诺作图法进行温度校正，能较好地解决这一问题。

将燃烧前后所观察到的水温对时间作图，可连成 $FHIDG$ 折线，如图 5.18 和图 5.19 所示。图 5.18 中 H 相当于开始燃烧之点，D 为观察到的最高温度。在温度为室温处作平行于时间轴的 JI 线，它交折线 $FHIDG$ 于 I 点，过 I 点作垂直于时间轴的 ab 线，然后将 FH 线外延交 ab 线于 A 点。将 GD 线外延，交 ab 线于 C 点，则 AC 两点间的距离即为 ΔT。图中 AA' 为开始燃烧到温度升至室温这一段时间 Δt_1 内，由环境辐射进来以及搅拌所引进的能量而造成量热计的温度升高，它应予以扣除。CC' 为温度由室温升高到最高点 D 这一段时间 Δt_2 内，量热计向环境辐射而造成本身温度的降低，它应予以补偿。因此 AC 可较客观地反应出由于燃烧反应所引起量热计的温度变化。在某些情况下，量热计的绝热性能良好，热漏很小，而搅拌器的功率较大，不断引进能量使得曲线不出现极高温度点，如图 5.19 所示，校正方法相似。

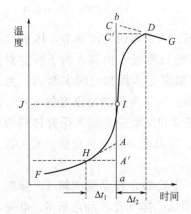

图 5.18 绝热较差时的雷诺校正图

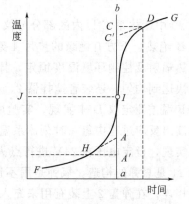

图 5.19 绝热良好时的雷诺校正图

必须注意，应用这种作图法进行校正时，量热计的温度与外界环境的温度不宜相差太大（最好不超过 2~3℃），否则会引入大的误差。

【仪器与试剂】

1. 仪器

HR-15B 氧弹量热计（含氧弹头）；DH-I 氧弹点火搅拌控制器；JDW-3F 温差测定仪；WYP-S 压片机；WLS 立式充氧器；调压变压器；氧气钢瓶（需大于 80Kg 压力，带减压阀）；氧气减压器；万用表；Cu-Ni 合金丝；容量瓶（1000mL，2000mL）。

2. 试剂

苯甲酸（A.R.）；萘（A.R.）。

【实验内容】

1. 仪器介绍

图 5.20 是实验室所用的 HR-15B 氧弹量热计的整体装配图，图 5.21 是用来测量恒容燃烧的氧弹结构图。图 5.22 是氧弹充氧的示意图，下面分别作以介绍。

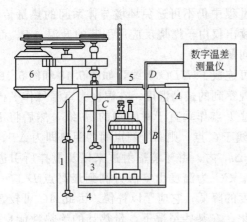

图 5.20　HR-15B 氧弹量热计安装示意图
A—水套；B—空气层；C—体系；D—温差测定仪；
1,2—搅拌器；3—内筒；4—垫片；
5—绝热胶板；6—马达

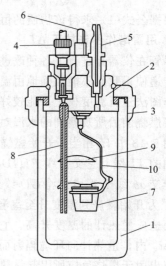

图 5.21　氧弹的构造
1—厚壁圆筒；2—弹盖；3—螺帽；4—进气孔；
5—排气孔；6—电极；7—燃烧皿；8—电极；
9—火焰遮板；10—导电柱

图 5.20 中，体系 C 以内的部分为仪器的主体，即为本实验研究的体系，体系 C 与外界以空气层 B 绝热，下方有绝缘的垫片 4 架起，上方有绝热胶板 5 覆盖。为了减少对流和蒸发，减少热辐射及控制环境温度恒定，体系外围包有温度与体系相近的水套 A。为了使体系温度很快达到均匀，还装有搅拌器 2，由马达 6 带动。为了准确测量温度的变化，由精密的 JDW-3F 温差测定仪 D 来实现。实验中把温差测定仪的热敏探头插入研究体系内，便可直接准确读出反应过程中每一时刻体系温度的相对值。样品燃烧的点火由拨动开关接入可调变压器来实现，设定电压在 24V 进行点火燃烧。

图 5.21 是氧弹的构造。氧弹是用不锈钢制成的，主要部分有厚壁圆筒 1、弹盖 2 和螺帽 3 紧密相连；在弹盖 2 上装有用来充入氧气的进气孔 4、排气孔 5 和电极 6，电极直通弹体内部，同时作为燃烧皿 7 的支架；为了将火焰反射向下而使弹体温度均匀，在另一电极 8（同时也是进气管）的上方还有火焰遮板 9。

2. 量热计水当量（$C_卡$）的测定

(1) 样品压片

压片前先清洗压片用钢模，用台秤称 0.8g 苯甲酸，并用直尺量取长度为 20cm 左右的细 Cu-Ni 合金丝一根，准确称量并把其双折后在中间位置打环，置于压片机的底板压模上，装入压片机内，倒入预先粗称的苯甲酸样品，使样品粉末将合金丝环浸埋，将压片机螺杆徐徐旋紧，稍用力使样品压牢（注意用力均匀适中，压力太大易使合金丝压断，压力太小样品疏松，不易燃烧完全），抽去模底的托板后，继续向下压，用干净滤纸接住样品，弹去周围的粉末，将样品置于称量瓶中，在分析天平上用减量法准确称量后供燃烧使用。

（2）装置氧弹

拧开氧弹盖，将氧弹内壁擦干净，特别是电极下端的不锈钢接线柱更应擦干净。在氧弹中加 1mL 蒸馏水。将样品片上的合金丝小心地绑牢于氧弹中两根电极 8 与 10 上（见图 5.21）。旋紧氧弹盖，用万用电表检查两电极是否通路。若通路，则旋紧排气口后即可充氧气。按图 5.22 所示，连接氧气钢瓶和氧气表，并将氧气表头的导管与氧弹的进气管接通，此时减压阀门 2 应逆时针旋松（即关紧），打开氧气钢瓶上端氧气出口阀门 1（总阀）观察表 1 的指示是否符合要求（至少在 4MPa），然后缓缓旋紧减压阀门 2（即渐渐打开），使表 2 指针指在表压 2MPa，氧气充入氧弹中。1~2min 后旋松（即关闭）减压阀门 2，关闭阀门 1，再松开导管，氧弹已充入约 2MPa 的氧气，可供燃烧之用。但是阀门 2 至阀门 1 之间尚有余气，因此要旋紧减压阀门 2 以放掉余气，再旋松阀门 2，使钢瓶和氧气表头复原。

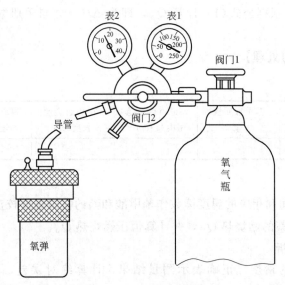

图 5.22 氧弹充气示意图

3. 燃烧和测量温差

按图 5.20 将氧弹量热计及内筒、搅拌器装配好。

（1）用 1/10 的水银温度计准确测量量热计恒温水套 A（外套）的实际温度。

（2）打开温差测定仪，让其预热，并将测温探头插入外套测温口中。

（3）在水盆中放入自来水（约 4000mL），用 1/10 的水银温度计测量水盆里的自来水温度，用加冰或加热水的方法调节水温低于外套温度 1.5~2.0℃。

（4）把充好氧气的氧弹放入已事先擦洗干净的体系 C 中，用容量瓶准确量取 3000mL 已调好温度的水，置于体系 C 中。

（5）检查点火开关是否置于"关"的位置，插上点火电极，盖上绝热胶板。

（6）开启搅拌马达，调节温差测定仪设定旋钮，使温差测定仪上指示为 1.000，此时对应的实际温度为外套温度。

（7）迅速把测温探头置于体系 C 上端的测温口中，观察温差测定仪的读数，一般应在 0.000~0.500 之间（太低或太高都要重新调节水温，以保证外套水温在燃烧升温曲线的中间位置）。报时器每半分钟响一次，响时即记录温差测定仪上温度的读数，至少读 5~

10min。

(8) 插好点火电源,将点火开关置于"开"的位置并立即拨回"关"的位置。在几十秒内温差测定仪的读数骤然升高,继续读取读数,直至读数平稳(约25个数,每半分钟一次。如果在1~2min内,温差测定仪的读数没有太大的变化,表示样品没有燃烧,这时应仔细检查,请教老师后再进行处理)。停止记录,拔掉点火电源。

(9) 取出氧弹,打开放气阀,排出废气,旋开氧弹盖,观察燃烧是否完全,如有黑色残渣,则证明燃烧不完全,实验需重新进行。如燃烧完全,量取剩余的铁丝长度,根据公式(2)计算 $C_卡$ 的值。如需精确测量,还需在装置氧弹时加1mL蒸馏水于氧弹内,燃烧后将弹体用蒸馏水清洗,用 $0.1mol·L^{-1}$ NaOH 滴定。

4. 萘恒容燃烧热的测定

称取0.6g的萘,按上述压片、称重、燃烧等实验操作进行测定。根据公式(3)测量萘的恒容燃烧热 Q_V,并根据公式(1)计算 Q_p,即为 ΔH,并与手册数据作比较,计算实验的相对误差。

【实验数据记录与处理】

1. 记录下列数据

室温/℃	实验温度/℃	苯甲酸质量/g	Cu-Ni合金丝密度/g·cm^{-1}	Cu-Ni合金丝长度/cm	剩余Cu-Ni合金丝长度/cm	萘的质量/g

2. 实验数据处理

由实验记录的时间和相应的温度读数作苯甲酸和萘的雷诺温度校正图,准确求出两者的 ΔT,由此计算 $C_卡$ 和萘的燃烧热 Q_V,并计算恒压燃烧热 Q_p。

3. 实验结果与分析

根据所用的仪器的精度,正确表示测量结果,计算绝对误差,并讨论实验结果的可靠性。

【注意事项】

1. 测定前认真阅读仪器使用说明书。
2. 压片时应将Cu-Ni合金丝压入片内。
3. 氧弹充完氧后一定要检查确信其不漏气,并用万用表检查两极间是否通路。
4. 将氧弹放入量热仪前,一定要先检查点火控制键是否位于"关"的位置。点火结束后,应立即将其关上。
5. 氧弹充氧的操作过程中,人应站在侧面,以免意外情况下弹盖或阀门向上冲出,发生危险。

【思考题】

1. 在本实验的装置中,哪部分是燃烧反应体系?燃烧反应体系的温度和温度变化能否被测定?为什么?
2. 在本实验的装置中,哪部分是测量体系?测量体系的温度和温度变化能否被测定?为什么?
3. 苯甲酸在本实验中起到什么作用?

实验 37　完全互溶双液系平衡相图

【实验目的】
1. 用沸点仪测定不同浓度的乙醇-环己烷体系沸点和气液两相平衡组成，并绘制相图。
2. 确定乙醇-环己烷双液系的最低恒沸点和相应组成。
3. 掌握阿贝折射仪的使用方法。

【实验原理】
两种在常温时为液态的物质混合组成的二组分体系称为双液系。若两液体按任意比例互相溶解，称为完全互溶双液系。完全互溶双液系在恒定压力下，沸点与组成关系图有下列三种情况：

① 溶液沸点介于两个纯组分沸点之间，如苯与甲苯 [图 5.23(a)]；
② 溶液有最高恒沸点，如卤化氢与水 [图 5.23(b)]；
③ 溶液有最低恒沸点，如乙醇与水 [图 5.23(c)]。

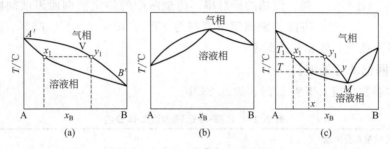

图 5.23　二组分沸点-组成相图

图 5.23(c) 表示有最低恒点体系的沸点-组成图，图中下方曲线是液相线，上方曲线是气相线，等温的水平线与气、液相线交点表示该温度（沸点）时，互相平衡的气液两相的组成。它们一般是不相同的，只有 M 点的气液两相组成相同，M 点的温度就称为该体系最低恒沸点，M 点代表的组成即为该恒沸混合物的组成。

绘制这类沸点-组成图，要求同时测定溶液的沸点及气液平衡两相的组成。本实验用回流冷凝法测定乙醇-环己烷溶液在不同组成时的沸点，平衡气、液相组成则利用组成与折射率之间的关系，应用阿贝折射仪间接测得。

【仪器与试剂】

1. 仪器

沸点测定仪；阿贝折射仪；调压变压器；超级恒温槽（公用）；温度计（50～100℃，1/10℃）；长滴管（2 支）。

2. 试剂

几种配比的乙醇和环己烷混合溶液（一组供制作工作曲线用，一组供制作相图用）；无水乙醇（密度：20℃，0.79 g·cm^{-3}）；环己烷（密度：20℃，0.779 g·cm^{-3}）。

【实验内容】

1. 工作曲线的绘制

(1) 配制环己烷浓度为 10%、25%、40%、55%、70%、85% 的乙醇溶液。
(2) 用阿贝折射仪分别测出蒸馏水、无水乙醇、环己烷及上述配制的各溶液的折射率。

(3) 将乙醇-环己烷溶液的组成及测得的折射率作图即得组成-折射率工作曲线。

2. 安装沸点仪

将干燥的沸点仪如图 5.24 安装好。检查带有温度计的橡皮塞是否塞紧，加热用的电热丝要靠近底部中心又不得碰上瓶壁。温度计的水银球的位置在支管之下并高于电热丝 1cm 左右，水银球应有一半浸入溶液中。

3. 溶液沸点及平衡气、液两相组成的测定

从加液口处加入约 30mL 浓度约为 10% 乙醇-环己烷溶液于烧瓶中，连接好线路，打开回流冷凝水，通电并调节调压变压器（电压<25V），使液体加热至沸腾。回流一段时间，使冷凝液不断更新 5 处分馏液的液体，直到温度计读数稳定为止。记下沸腾温度，将调压变压器调至零处，停止加热，充分冷却后，用滴管分别从冷凝管下端 5 处及加液口 2 处取样，用阿贝折射仪测定气相、液相的折射率。将烧瓶中的测定液倒回原试剂瓶。按同样的方法分别测定浓度约为 25%、40%、50%、65%、80%、98% 的各溶液沸点及平衡气、液相的折射率。

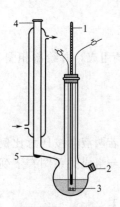

图 5.24 沸点仪
1—温度计；2—加液口；
3—电热丝；4—分馏液取样口；5—分馏液

【实验数据记录与处理】

(1) 将实验数据填入下表 5.27、表 5.28 中。

表 5.27 乙醇-环己烷溶液工作曲线

乙醇-环己烷溶液质量百分浓度/%							
折射率							

表 5.28 乙醇-环己烷溶液沸点及平衡气、液相折射率和组成

	溶液沸点/℃							
气相冷凝液	折射率							
	组成							
液相	折射率							
	组成							

(2) 由表 5.27 中数据作室温时组成-折射率工作曲线。

(3) 利用工作曲线由折射率确定气、液相组成，由表 5.28 中数据绘制乙醇-环己烷双液系沸点-组成图，并由相图确定此双液系恒沸温度和恒沸组成。

【思考题】

1. 回流时若冷却效果不好，对相图绘制有什么影响？
2. 由所得的相图讨论此溶液简单蒸馏的分离情况。

实验 38 $Fe(OH)_3$ 溶胶的制备与纯化

【实验目的】

1. 学会制备和纯化 $Fe(OH)_3$ 溶胶。
2. 掌握电泳法测定 $Fe(OH)_3$ 溶胶电动电势的原理和方法。

【实验原理】

溶胶的制备方法可分为分散法和凝聚法。分散法是用适当方法把较大的物质颗粒变为胶体大小的质点；凝聚法是先制成难溶物的分子（或离子）的过饱和溶液，再使之相互结合成胶体粒子而得到溶胶。$Fe(OH)_3$ 溶胶的制备就是采用的化学凝聚法，即通过化学反应使生成物呈过饱和状态，然后粒子再结合成溶胶。

制成的胶体体系中常有其他杂质存在，从而影响其稳定性，因此必须纯化。常用的胶体纯化方法是半透膜渗析法。

在胶体分散体系中，由于胶体本身的电离或胶粒对某些离子的选择性吸附，使胶粒的表面带有一定的电荷。在外电场作用下，胶粒向异性电极定向泳动，这种胶粒向正极或负极移动的现象称为电泳。荷电的胶粒与分散介质间的电势差称为电动电势，用符号 ζ 表示，电动电势的大小直接影响胶粒在电场中的移动速度。原则上，任何一种胶体的电泳现象都可以用来测定电动电势，其中最方便的是用电泳现象中的宏观法来测定，也就是通过观察溶胶与另一种不含胶粒的导电液体的界面在电场中的移动速度来测定电动电势。电动电势 ζ 与胶粒的性质、介质成分及胶体的浓度有关。在指定条件下，ζ 的数值可根据亥姆霍兹方程式计算，即

$$\zeta = \frac{K\pi\eta u}{\varepsilon H} \text{（静电单位）}$$

或

$$\zeta = \frac{K\pi\eta u}{\varepsilon H} \times 300 \text{ (V)} \tag{1}$$

式中，K 为与胶粒形状有关的常数（对于球形胶粒 $K=6$，棒形胶粒 $K=4$，在实验中均按棒形粒子看待）；η 为介质的黏度；ε 为介质的介电常数；u 为电泳速度，$cm \cdot s^{-1}$；H 为电位梯度，即单位长度上的电位差，静电单位$\cdot cm^{-1}$。

$$H = \frac{E}{300L} \text{（静电单位} \cdot cm^{-1}\text{）} \tag{2}$$

式中，E 为外电场在两极间的电位差，V；L 为两极间的距离，cm；300 为将伏特表示的电位改成静电单位的转换系数。把式(2)代入式(1)得：

$$\zeta = \frac{4\pi \cdot \eta \cdot L \cdot u \cdot 300^2}{\varepsilon \cdot E} \text{ (V)} \tag{3}$$

由式(3)知，对于一定溶胶而言，若固定 E 和 L，测得胶粒的电泳速度 u（$u=dt$，d 为胶粒移动的距离，t 为通电时间），就可以求算出 ζ 电位。

制备 $Fe(OH)_3$ 溶胶过程中所涉及的化学反应过程如下：

在沸水中滴加 $FeCl_3$ 溶液：$FeCl_3 + 3H_2O \rightleftharpoons Fe(OH)_3 + 3HCl$

$Fe(OH)_3$ 再与 HCl 反应：$Fe(OH)_3 + HCl \rightleftharpoons FeOCl + 2H_2O$

FeOCl 离解成 FeO^+ 和 Cl^-，形成胶团结构：$\{m[Fe(OH)_3]nFeO^+(n-x)Cl^-\}^{x+}xCl^-$

【仪器与试剂】

1. 仪器

直流稳压电源（1台）；万用电炉（1台）；电泳管（1只）；电导率仪（1台）；直流电压表（1台）；秒表（1块）；铂电极（2只）；锥形瓶（250mL，1只）；烧杯（800mL、250mL、100mL，各1个），超级恒温槽（1台）；容量瓶（100mL，1只）。

2. 试剂

火棉胶；$FeCl_3$ 溶液（10%）；CH_3COONa 饱和溶液；KCNS 溶液（1%）；$AgNO_3$ 溶

液（1%）；稀 HCl 溶液。

【实验内容】

1. Fe(OH)$_3$ 溶胶的制备及纯化

(1) 半透膜的制备

在一个内壁洁净、干燥的 250mL 锥形瓶中，加入约 10mL 火棉胶液，小心转动锥形瓶，使火棉胶液黏附在锥形瓶内壁上形成均匀薄层，倾出多余的火棉胶于回收瓶中。此时锥形瓶仍需倒置，并不断旋转，待剩余的火棉胶流尽，使瓶中的乙醚蒸发至已闻不出气味为止（此时用手轻触火棉胶膜，已不粘手）。然后再往瓶中注满水（若乙醚未蒸发完全，加水过早，则半透膜发白）浸泡 10min。倒出瓶中的水，将瓶口的薄膜脱开（小心用手分开膜与瓶壁的间隙）。慢慢注水在膜与容器壁的夹层中，使膜脱离瓶壁，轻轻取出，在膜袋中注入水，观察是否有漏洞，如有小漏洞，可将此洞周围擦干，用玻璃棒蘸取火棉胶补之。制好的半透膜不用时，要浸泡在蒸馏水中待用。

同法涂上第 2 层、第 3 层、第 4 层膜，得到 1 层、2 层、3 层、4 层膜。

(2) 用水解法制备 Fe(OH)$_3$ 溶胶

在 250mL 烧杯中，加入 100mL 蒸馏水，加热至沸，慢慢滴入 5mL（也可变更为 2.5mL、3mL、3.5mL、4mL、4.5mL）10% FeCl$_3$ 溶液，并不断搅拌，加毕继续保持沸腾 5min（也可调整为煮沸 1min、2min、3min 和 4min），仔细观察现象并记录，即可得到红棕色的 Fe(OH)$_3$ 溶胶，其结构式可表示为 $\{m[Fe(OH)_3]nFeO^+(n-x)Cl^-\}^{x+}xCl^-$。在胶体体系中存在过量的 H^+、Cl^- 等离子需要通过纯化除去。

(3) 用热渗析法纯化 Fe(OH)$_3$ 溶胶（可任选一种方法）

方法一：将制得的 40mL Fe(OH)$_3$ 溶胶，注入半透膜内用线拴住袋口，置于 500mL 的清洁烧杯中，杯中加蒸馏水约 300mL，维持温度在 60℃左右，进行渗析。每 10min 换一次蒸馏水，渗析 7 次，取出 1mL 渗析水，分别用 1% AgNO$_3$ 及 1% KCNS 溶液检查是否存在 Cl^- 及 Fe^{3+}，如果仍存在，应继续换水渗析，直到检查不出为止。将纯化过的 Fe(OH)$_3$ 溶胶移入一清洁干燥的 100mL 小烧杯中待用。

方法二：将 2mL 0.5mol·L^{-1} FeCl$_3$ 溶液逐滴加入到盛有 CH$_3$COONa 饱和溶液的试管中，边滴边振荡至溶液呈红褐色，即得 Fe(OH)$_3$ 胶体。

方法三：在 250mL 烧杯中，加入 95mL 蒸馏水，加热至沸，慢慢滴入 5mL 10% FeCl$_3$ 溶液，并不断搅拌，加毕，继续保持沸腾 5min，滤纸过滤，即可得到红棕色的 Fe(OH)$_3$ 溶胶。

2. 溶胶电导率的测定和配制 HCl 溶液

调节恒温槽温度为（25.0±0.1）℃，用电导率仪测定 Fe(OH)$_3$ 溶胶在 25℃时的电导率，然后配制与之相同电导率的 HCl 溶液。方法是根据 25℃时 HCl 电导率-浓度关系，用内插法求算与该电导率相对应的 HCl 浓度，并在 100mL 容量瓶中配制该浓度的 HCl 溶液。

3. 装置仪器和连接线路

用蒸馏水洗净电泳管后，再用少量溶胶洗一次，将渗析好的 Fe(OH)$_3$ 溶胶倒入电泳管中，使液面超过活塞(2)、(3)。关闭这两个活塞，把电泳管倒置，将多余的溶胶倒净，并用蒸馏水洗净活塞(2)、(3)以上的管壁。打开活塞(1)，用自己配制的 HCl 溶液冲洗一次后，再加入该溶液，并超过活塞（1）少许。插入铂电极按装置图 5.25 连接好线路。

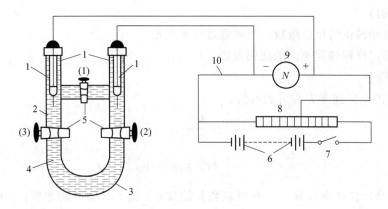

图 5.25　电泳仪器装置图

1—Pt 电极；2—HCl 溶液；3—Fe(OH)$_3$ 溶胶；4—电泳管；(1)，(2)，(3)，5—活塞；6—直流稳压电源；
7—电键；8—滑线电阻；9—直流电压表；10—电源线路

4. 测定溶胶电泳速度

同时打开活塞（2）和（3），关闭活塞（1），打开电键 7，经教师检查后，接通直流稳压电源 6，调节电压为 100V。接通电键 7，迅速调节电压为 100V，并同时计时和准确记下溶胶在电泳管中液面位置，约 1h 后断开电源，记下准确的通电时间 t 和溶胶面上升的距离 d，从伏特计上读取电压 E，并且量取两极之间的距离 L。

实验结束后，拆除线路。用自来水洗电泳管多次，最后用蒸馏水洗一次。

【实验数据记录与处理】

1. 将实验数据记录如下。

电泳时间＝_____s；电压＝_____V；两电极间距离＝_____cm；溶胶液面移动距离＝_____cm。

2. 将数据代入公式(3)中计算 ζ 电势。

【注意事项】

1. 利用公式(3)求算 ζ 时，各物理量的单位都需用 C.G.S 制，有关数值从相关参考资料中查得。如果改用 SI 制，相应的数值也应改换。对于水的介电常数，应考虑温度校正，由以下公式求得：

$$\ln \varepsilon_t = 4.474226 - 4.54426 \times 10^{-3} t$$

式中，t 为温度，℃。

2. 在制备半透膜时，一定要使整个锥形瓶的内壁上均匀地附着一层火棉胶液，在取出半透膜时，一定要借助水的浮力将膜托出。

3. 制备 Fe(OH)$_3$ 溶胶时，FeCl$_3$ 一定要逐滴加入，并不断搅拌。

4. 纯化 Fe(OH)$_3$ 溶胶时，换水后要渗析一段时间再检查 Fe^{3+} 及 Cl$^-$ 的存在。

5. 量取两电极的距离时，要沿电泳管的中心线量取。

【思考题】

1. 分析制备哪层的半透膜的成功率最高？为什么？
2. 针对你所采用的制备 Fe(OH)$_3$ 溶胶的方法，分析讨论影响其制备的因素有哪些？

实验 39　蔗糖的转化

【实验目的】
1. 测定蔗糖转化的反应级数、速率常数和半衰期。
2. 掌握测定原理和旋光仪的使用方法。

【实验原理】
一级反应的反应速率方程可表示为：

$$-\frac{dc}{dt}=kc \tag{1}$$

$$\int_{c_0}^{c}\frac{dc}{c}=-\int_{0}^{t}kdt \Rightarrow \ln c=\ln c_0-kt \tag{2}$$

式中，k 是反应速率常数；c_0 是反应物初浓度；c 为 t 时反应物浓度；t 是时间；若以 $\ln c$ 对 t 作图，可得一直线，其斜率即为反应速率常数 k。

一级反应的半衰期为：

$$t_{\frac{1}{2}}=\frac{0.693}{k} \tag{3}$$

由式(3)可见，一级反应的半衰期只决定于反应速度常数 k，而与起始浓度无关。这是一级反应的一个特点。

蔗糖转化的方程为：

$$C_{12}H_{22}O_{11}(蔗糖)+H_2O \xrightarrow{H^+} C_6H_{12}O_6(果糖)+C_6H_{12}O_6(葡萄糖)$$

此反应的反应速度与蔗糖的浓度、水的浓度以及催化剂 H^+ 的浓度有关。在催化剂 H^+ 浓度固定的条件下，此反应本是二级反应，但由于有大量水存在，虽然有部分水分子参加反应，但在反应过程中水的浓度变化很小。因此，反应速度只与蔗糖浓度成正比，即其浓度与时间的关系，符合式(1)的条件，所以此反应为视为一级反应。

本反应中，蔗糖是右旋性的物质，比旋光度 $[\alpha]_D^{20}=66.6°$；生成物中葡萄糖也是右旋性物质，$[\alpha]_D^{20}=52.5°$；但果糖是左旋性物质，$[\alpha]_D^{20}=-91.9°$。因此当水解作用进行时，右旋角不断减小，反应终了时，体系将变成左旋。设：

最初的旋光度为：　　$\alpha_0=K_{反应物}c_0$（蔗糖尚未转化，$t=0$）　　　　(4)
最后的旋光度为：　　$\alpha_\infty=K_{生成物}c_0$（蔗糖全部转化，$t=\infty$）　　　(5)

式中，$K_{反应物}$、$K_{生成物}$ 分别为反应物与生成物之比例常数；c_0 为反应物质的最初浓度，亦即生成物最后之浓度。当时间为 t 时，蔗糖浓度为 c，旋光度为

$$\alpha_t=K_{反应物}c+K_{生成物}(c_0-c) \tag{6}$$

由式(4)、式(5)、式(6)得：

$$c_0=(\alpha_0-\alpha_\infty)/(K_{反应物}-K_{生成物})=K(\alpha_0-\alpha_\infty)$$
$$c=(\alpha_t-\alpha_\infty)/(K_{反应物}-K_{生成物})=K(\alpha_t-\alpha_\infty)$$

将此关系式代入式(2)得：

$$\ln\frac{c_0}{c}=kt \Rightarrow \lg\frac{\alpha_0-\alpha_\infty}{\alpha_t-\alpha_\infty}=\frac{k}{2.303}t \Rightarrow \lg(\alpha_t-\alpha_\infty)=-\frac{k}{2.303}t+\lg(\alpha_0-\alpha_\infty) \tag{7}$$

若以 $\lg(\alpha_t-\alpha_\infty)$ 对 t 作图，从其斜率即可求得反应速率常数 k。

由于温度对反应速度有影响，必须恒温进行。

【仪器与试剂】
1. 仪器
旋光仪；秒表；恒温槽；锥形瓶（100mL）；移液管（20mL）；量筒（100mL）；刻度温度计（1/10）。

2. 试剂
蔗糖；盐酸（体积比为1∶2）。

【实验内容】
实验前请仔细阅读旋光仪操作说明。

1. 找仪器的零点
蒸馏水为非旋光物质，可用它核对仪器的零点。拧开旋光槽一端的压盖，洗净旋光槽，加入蒸馏水至满，将玻璃片贴着液面小心推盖在液面上，旋紧压盖，若有气泡，需重新操作。用滤纸将管外擦干，旋光管两端的玻璃片，可用镜头纸擦净。把旋光管放入旋光仪内，打开光源，调整目镜焦距，使视野清楚，旋转检偏镜，使视野中能观察到明暗相等的三分视野为止。记下检偏镜之旋转角 α，重复3次，取平均值，此值即为仪器的零点。将恒温槽调至 25℃。

2. 配制溶液
用电子天平称取 10g 蔗糖放入 100mL 烧杯中，加入 50mL 蒸馏水配成澄清溶液。若溶液不清应过滤一次。

3. 旋光度的测定
用移液管各取 20.00mL 的盐酸和蔗糖溶液，并分别置于 100mL 锥形瓶中，放入恒温槽内恒温 10min。取出，把盐酸倒入蔗糖中摇荡。同时用此混合液少许，洗旋光管 2~3 次后，装满旋光管。擦净管外溶液后，尽快放入旋光仪中进行观察测量，当盐酸倒入蔗糖溶液中时，打开秒表开始计时。

测量不同时间 t 时溶液的旋光角 α_t。由于 α_t 随时间不断改变，因此找平衡点和读数均要熟练迅速，寻找平衡点立即计下时间 t，而后再读取旋光角 α_t。开始一刻钟内每 2min 记录一次读数，以后每 5min 读一次读数，直至旋光角由右旋变左旋为止。

4. α_∞ 的测定
α_∞ 的测定可以将剩余的糖和盐酸的等体积混合液置于 50~60℃ 水溶液中温热 30min，然后冷却至 35℃，再测此溶液的旋光度，即为 α_∞ 值。

由于酸会腐蚀旋光管的金属套，因此实验一结束，必须将其擦洗干净。

【实验数据记录与处理】
1. 列出 t-α_t 表，并作出相应 α_t-t 图。
2. 从 α_t-t 图曲线上，读出等间隔时间 t 时的旋光角 α_t，并算出 $(\alpha_t-\alpha_\infty)$ 和 $\lg(\alpha_t-\alpha_\infty)$ 的值。
3. 以 $\lg(\alpha_t-\alpha_\infty)$ 对 t 作图，由曲线的形状判断反应的级数，由直线的斜率求反应速率常数 k。
4. 由 k 值计算这一反应的半衰期 $t_{1/2}$。

【思考题】
1. 如何判断断某一旋光物质是左旋还是右旋？

2. 已知蔗糖的 $[\alpha]=65.55°$，设光源为钠光源 D 线，旋光管长为 20cm。试估算你所配的蔗糖和盐酸混合液的最大旋光度是多少？作图中，直线的 lnC 轴上的截距数据是什么值？与实验结果是否相等？为什么？

实验40　电导法测定乙酸乙酯皂化反应速率常数

【实验目的】

1. 了解二级反应的特点。
2. 测定乙酸乙酯皂化反应的速率常数并掌握活化能的测定方法。
3. 掌握电导仪的使用方法。

【实验原理】

在一定温度下，反应速率与反应物浓度的二次方成正比的反应为二级反应。其速率方程为：

$$-\frac{dc}{dt}=k_2 c^2 \tag{1}$$

将速率方程积分，可得动力学方程：

$$\int_{c_0}^{c}\left(-\frac{dc}{c^2}\right)=\int_0^t k_2 dt$$

$$\frac{1}{c}-\frac{1}{c_0}=k_2 t \tag{2}$$

式中，c_0 为反应物的初始浓度，c 为 t 时刻反应物的浓度，k_2 为二级反应的反应速率常数。

以 $1/c$ 对时间 t 作图应为一直线，直线的斜率即为 k_2。

对大多数反应，反应速率与温度的关系可用阿仑尼乌斯经验方程来表示：

$$\ln k = \ln A - \frac{E_a}{RT} \tag{3}$$

式中，E_a 为阿仑尼乌斯活化能或叫反应活化能；A 为指前因子；k 为速率常数。

实验中若测得两个不同温度下的反应速率常数，由式（3）很容易得到：

$$\ln \frac{k_{T_2}}{k_{T_1}} = \frac{E_a}{R}\left(\frac{T_2-T_1}{T_1 T_2}\right) \tag{4}$$

由式（4）可求活化能 E_a。

乙酸乙酯皂化反应是二级反应。

$$\begin{array}{ccccc}
\mathrm{CH_3COOC_2H_5} & + & \mathrm{NaOH} \rightleftharpoons & \mathrm{CH_3COONa} + & \mathrm{C_2H_5OH} \\
t=0 & c_0 & c_0 & 0 & 0 \\
t=t & c=c_0-x & c=c_0-x & x & x \\
t=\infty & 0 & 0 & c_0 & c_0
\end{array}$$

该反应的动力学方程为：

$$\frac{1}{c_0-x}-\frac{1}{c_0}=k_2 t$$

$$k_2 = \frac{1}{tc_0}\cdot\frac{x}{c_0-x} \tag{5}$$

由式(5) 可以看出，只要测出 t 时刻的 x 值，c_0 为已知的初始浓度，就可以算出反应速率常数 k_2。实验中反应物浓度比较低，因此可以认为反应是在稀的水溶液中进行，CH_3COONa 是全部电离的。在反应过程中 Na^+ 浓度不变，OH^- 导电能力比 CH_3COO^- 导电能力大，随着反应的进行，OH^- 不断减少，CH_3COO^- 不断增加，因此在实验中我们可以用测量溶液的电导（G）来求算速率常数 k_2。

体系电导值的减少量与产物浓度 x 的增大成正比：

$$x \propto G_0 - G_t \tag{6}$$

$$c_0 \propto G_0 - G_\infty \tag{7}$$

式中，G_0 为 $t=0$ 时溶液的电导；G_t 为时间 t 时溶液的电导；G_∞ 为反应进行完全（$t \to \infty$）时溶液的电导。将式(6)、式(7) 两式代入式(5) 得：

$$k_2 = \frac{1}{tc_0} \cdot \frac{G_0 - G_t}{G_t - G_\infty}$$

整理得：

$$G_t = G_\infty + \frac{1}{k_2 c_0} \cdot \frac{G_0 - G_t}{t} \tag{8}$$

实验中测出 G_0 及不同 t 时刻所对应的 G_t，用 G_t 对 $\frac{G_0 - G_t}{t}$ 作图得一直线，由直线的斜率可求出速率常数 k_2。若测得两个不同温度下的速率常数 k_{T_1}，k_{T_2} 后，可用式(4) 求出该反应的活化能 E_a。

【仪器与试剂】

1. 仪器

电导仪一台；普通恒温槽一套；叉形电导池（2 只）；移液管（25mL，3 支）；容量瓶（100mL，1 只）；移液管（1mL，1 支）；烧杯（50mL，2 只）。

2. 试剂

NaOH（$0.0200 mol \cdot L^{-1}$）；乙酸乙酯（化学纯）。

【实验内容】

(1) 调节恒温槽温度为 20℃。

(2) 配制乙酸乙酯溶液。

按 NaOH 浓度配制 100mL 乙酸乙酯溶液。称量 0.2mL 乙酸乙酯配制成 100mL $0.02 mol \cdot L^{-1}$ 溶液。

(3) G_0 的测定。

在叉形电导池中加入 25mL 蒸馏水及 25mL NaOH 溶液，轻轻旋紧电极塞，将电导池反复折倒几次，混合均匀后放入恒温槽内恒温 10min，测其电导 G_0。

(4) G_t 的测定。

在另一个叉形电导池直支管中加入 25mL NaOH 溶液，侧支管中加入 25mL 乙酸乙酯溶液，轻轻旋紧电极塞，置于恒温槽中恒温 10min，混合两支管中溶液，同时开启停表，记录反应时间，在恒温情况下测量第 5min、10min、15min、20min、25min、30min 时的 G_t 值。

(5) 调节恒温槽至 25℃，其他步骤同前，测定 G_0 及 G_t 各值。

(6) 实验结束后，关闭电源，取出电极，洗净后放入蒸馏水中浸泡。

【实验数据记录与处理】

1. 将 G_t、t、$\dfrac{G_0-G_t}{t}$ 列表。

2. 以 G_t 对 $\dfrac{G_0-G_t}{t}$ 作图。

3. 由直线斜率分别求出 20℃、25℃的反应速率常数 k_2。

4. 按阿仑尼乌斯公式求出反应活化能 E_a 值。

【思考题】

1. 如果 NaOH 溶液和 $CH_3COOC_2H_5$ 溶液起始浓度不相等，试问应怎样计算 k_2 值？
2. 如果 NaOH 与 $CH_3COOC_2H_5$ 溶液为浓溶液，能否用此法求 k_2 值？为什么？
3. 如何用化学方法测定此反应速率常数？
4. 如何从实验结果来验证乙酸乙酯皂化反应为二级反应？

实验41 黏度法测定高聚物的分子量——聚乙二醇分子量的测定

【实验目的】

1. 掌握使用三管黏度计测定黏度的方法。
2. 掌握测定黏均分子量的原理和方法。
3. 测定聚乙二醇的黏均分子量。

【实验原理】

高聚物的分子量是表征聚合物特征的基本参数之一，分子量不同，高聚物的性能差异很大。所以，不同材料、不同的用途对分子量的要求是不同的。测定高聚物的分子量对生产和使用高分子材料具有重要的实际意义。例如，人们常需要测定右旋糖苷分子的分子量，因为右旋糖苷分子是目前公认的优良血浆代用品之一。聚乙二醇也是一种药物辅料，其分子量也常在 $8.0\times10^3\sim1.3\times10^4$。

当流体受外力作用产生流动时，在流动着的液体层之间存在着切向的内部摩擦力，如果要使液体通过管子，必须消耗一部分功来克服这种流动的阻力。在流速低时，管子中的液体沿着与管壁平行的直线方向前进，最靠近管壁的液体实际上是静止的，与管壁距离越远，流动的速度也越大。流层之间的切向力 f 与两层间的接触面积 A 和速度差 Δv 成正比，而与两层间的距离 Δx 成反比：

$$f/A=\eta\Delta v/\Delta x$$

式中，η 是比例系数，称为液体的黏度系数，简称黏度。黏度是指液体对流动所表现的阻力，这种力反抗液体中邻接部分的相对移动，可看作是一种内摩擦。

高聚物在稀溶液中的黏度，主要反映了液体在流动时存在着内摩擦。其中因溶剂分子之间的内摩擦表现出来的黏度叫纯溶剂黏度，记作 η_0。此外，还有高聚物分子之间的内摩擦，以及高分子与溶剂分子之间的内摩擦。三者之总和表现为溶液的黏度 η。

在同一温度下，一般来说，$\eta>\eta_0$。

相对于溶剂，其溶液黏度增加的分数，称为增比黏度，记作 η_{sp}，即：

$$\eta_{sp}=\dfrac{\eta-\eta_0}{\eta_0} \tag{1}$$

而溶液黏度与纯溶剂黏度的比值称为相对黏度，记作 η_r，即

$$\eta_r = \frac{\eta}{\eta_0} \tag{2}$$

η_r 也是整个溶液的黏度行为；η_{sp} 则意味着已扣除了溶剂分子之间的内摩擦效应。两者关系为：

$$\eta_{sp} = \frac{\eta}{\eta_0} - 1 = \eta_r - 1 \tag{3}$$

对于高分子溶液，增比黏度 η_{sp} 往往随溶液的浓度 c 增加而增加。为了便于比较，将单位浓度下所显示出的增比黏度，即 η_{sp}/c，称为比浓黏度；而 $\ln\eta_{sp}/c$，称为对数黏度。其中，η_r 和 η_{sp} 都是无因次的量。

为了进一步消除高聚物分子之间的内摩擦效应，必须将溶液浓度无限稀释，使得每个高聚物分子彼此相隔极远，其相互干扰可以忽略不计。

这时溶液所呈现出黏度行为基本上反映了高分子与溶剂分子之间的内摩擦。这一黏度的极限值记为：

$$\lim_{c \to 0} \frac{\eta_{sp}}{c} = [\eta] \tag{4}$$

$[\eta]$ 被称为特性黏度，其数值与浓度无关。实验证明，当聚合物、溶剂和温度确定以后，$[\eta]$ 的数值只与高聚物平均分子量 M 有关，它们之间的半经验关系可用 Mark-Houwink 方程式表示：

$$[\eta] = K\overline{M}^\alpha \tag{5}$$

式中，$\overline{M}$ 为黏均分子量；K 为比例常数；α 为与分子形状有关的经验常数。K 与 α 的数值与温度、聚合物、溶剂性质有关，在一定的分子量范围内，与分子量无关。α 的数值一般在 $0.5 \sim 1$ 之间，在标准状态时为 0.5，一般状态时多为 0.8。K 和 α 的数值，只能通过其他方法进行测定，例如渗透压法、光散射法等。黏度法只能测定 $[\eta]$，求算出黏均分子量 $\overline{M}$。

测定高聚物摩尔质量的方法很多，不同的方法所得平均摩尔质量也有所不同。比较起来，黏度法设备简单、操作方便，并有很好的实验精度，是常用的方法之一。通过测定一定体积的液体流经一定长度和半径的毛细管所需要的时间而获得。

【仪器与试剂】

1. 仪器

恒温槽；精密天平；乌氏黏度计（1支/组）；秒表（1个/组）；恒温槽；量筒（10mL）；胶头滴管。

2. 试剂

聚乙二醇（500g）；蒸馏水。

【实验内容】

本实验为设计性实验，可选择不同方案完成，请先熟悉黏度计的使用，在具体过程中仔细操作和观察，认真分析各种因素对实验结果的影响。

方案一：

1. 将恒温水槽调节至 25℃。
2. 溶液的配制。

准确称量 2g 聚乙二醇，放入 50mL 锥形瓶中，注入约 30mL 蒸馏水，稍稍加热使之溶解。冷至室温后移入 50mL 容量瓶中，并稀释至刻度。如果有固体杂质，可用玻璃砂芯漏斗过滤。

3. 洗涤黏度计。

黏度计先用洗液或洗涤剂浸泡，再用自来水、蒸馏水分别冲洗，然后吸干黏度计上残余的水（尤其要注意毛细管要洗净，不能粘有任何高聚物）。

4. 测定溶剂流过时间 t_0。

将黏度计垂直放入恒温槽中，将 15mL 蒸馏水自 A 管乌氏黏度计（图 5.26）注入黏度计内恒温数分钟，夹紧 C 管上连接的乳胶管，同时在连接 B 管的乳胶管上接洗耳球，慢慢抽气。待液体升高到超过 G 球的一半时，打开 C 管及 B 管，使 G 球液面逐渐下降，空气进入 D 球；当液面通过刻度 a 时，按下停表，开始记录时间，至液面刚通过刻度 b 时，按下停表。由 a 至 b 所需时间即为 t_0，重复三次，每次相差不能超过 0.3s。如果相差过大，则应检查毛细管有无堵塞现象，察看恒温槽温度是否恒定良好。

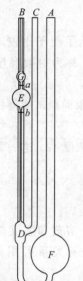

图 5.26 乌氏黏度计
A—进水管；B—测量管；
C—放空管；D—缓冲球；
E—测量球；F—主储液；
G—上储液球；a—上光位标记；b—下光位标记

5. 测定溶液流过的时间 t。

测完纯溶剂的 t_0 后，倒出溶剂，吸干黏度计，再用移液管注入浓度为 c_1 的溶液 15mL，用上述方法测定流过的时间 3 次，每次相差不超过 0.4s。求出其平均值 t_1。然后加入 5mL 蒸馏水，浓度变为 c_2，用洗耳球将溶液反复抽吸至 G 球内几次，使混合均匀，再测定流经的时间 t_2，同样，分三次每次加入 5mL 蒸馏水，使溶液浓度分别变为 c_3、c_4、c_5，测定流过的时间 t_3、t_4、t_5。最后一次如果溶液太多，可在均匀混合后倒出一部分。由于浓度的计算由稀释得来，故所加蒸馏水的体积必须准确，混合必须均匀。

6. 实验完毕，黏度计应洗净，用洁净的蒸馏水浸泡，待用。

7. 数据处理。

（1）将每次的浓度 c（以 100mL 溶液中所含高聚物的质量表示）流过黏度计的相应时间（t）以及不同浓度的 η、η_r、$\dfrac{\eta_{sp}}{c}$、$\dfrac{\ln\eta_r}{c}$ 等数值列表。

（2）作 $\dfrac{\eta_{sp}}{c}$-c 图和 $\dfrac{\ln\eta_r}{c}$-c 图，并外推至 $c=0$，求出 $[\eta]$ 值。

（3）由 $[\eta]=K\overline{M}^\alpha$ 式及在所用溶剂和温度条件下的 K 和 α 值，求出聚乙二醇的黏均分子量 $\overline{M}$。

方案二（清洗黏度计见方案一）：

1. 于 (30.00±0.01)℃下恒温聚乙二醇溶液和蒸馏水。

2. 配制聚乙二醇溶液 $40g \cdot mL^{-1}$、30mL/组。

3. 向黏度计中加入 30mL 纯溶剂水，测定水自黏度计的中间管上刻度自由落到管下刻度所需要的时间 t_0，平行测定 3 次，要求 3 次的相差小于 0.3s。

4. 依次加入 2mL、4mL、6mL、8mL、10mL 的 $40g \cdot mL^{-1}$ 的聚乙二醇溶液，恒温后测定各溶液下落所用的时间 t（此过程无需对黏度计进行干燥和洗涤）。

5. 同方案一的第 5 步骤。

方案三（清洗黏度计见方案一）：

1. 调节恒温槽为（30.00±0.01）℃。
2. 配制聚乙二醇溶液 40g·mL^{-1}，10mL/组。
3. 在黏度计中加入 10mL 溶剂，测定其流过的时间，重复 3 次，每次相差不超过 0.2～0.3s。
4. 倒出溶剂，对乌氏黏度计进行洗涤、干燥后，加入 10mL 高聚物溶液，测定流过时间。然后依次分别加入 5mL、5mL、10mL、10mL 的溶剂，测定不同浓度的流过时间。
5. 将不同浓度下高分子溶液的流过时间与纯溶剂流过时间相比，得到不同浓度下高分子溶液的 η、η_r、η_{sp}/c 值，分别以 η_{sp}/c 和 $\ln(\eta_r/c)$ 对 c 作图，并作线性外推得到特性黏度值，据此可以进一步得到高分子的黏均分子量 $\overline{M}$。
6. 检查实验数据，确定实验完成情况，如有实验数据不完整或严重错误的，根据情况进行补做或重做，直到达到要求。
7. 整理仪器，清洗黏度计以及其他玻璃仪器，打扫实验台和地面卫生。

【思考题】

1. 分析和对比方案一、方案二、方案三，各有哪些优缺点？
2. 讨论如何使得实验数据更加准确。

实验 42　微乳液的制备和性质——一种药用微乳液的制备和鉴定

【实验目的】

1. 了解微乳液的概念。
2. 掌握微乳液的制备原理和方法。
3. 了解微乳液在生物科学、医药中的应用。

【实验原理】

微乳液这个概念是 1959 年由英国化学家 J. H. Schulman 提出来的，微乳液一般是由表面活性剂、助表面活性剂、油与水等组分在适当比例下组成的无色、透明（或半透明）、低黏度的热力学体系。由于其具有超低界面张力（10^{-7}～10^{-6} N·m^{-1}）和很高的增溶能力（其增溶量可达 60%～70%）的稳定热力学体系。

两种或两种以上互不相溶的液体经混合乳化后的胶体分散体系，其分散液滴的直径在 10～100nm 之间，则该体系称为微乳液。

微乳液为透明分散体系，其形成与胶束的加溶作用有关，又称为"被溶胀的胶束溶液"或"胶束乳液"，简称微乳。通常由油、水、表面活性剂、助表面活性剂和电解质等组成的透明或半透明的液状稳定体系。分散相的质点小于 0.1μm，甚至小到数十埃。其特点是分散相质点大小在 0.01～0.1μm 间，质点大小均匀，显微镜不可见；质点呈球状；微乳液呈半透明至透明，热力学稳定，如果体系透明，流动性良好，且用离心机 100g 的离心加速度分离 5min 不分层即可认为是微乳液；与油、水在一定范围内可混溶。和乳状液一样，微乳状液为透明或半透明的自发形成的热力学稳定体系，其分散相为油、分散介质为水的体系称为 O/W 型微乳状液，即为水包油（O/W）型；反之则是 W/O 型微乳状液，称为油包水（W/O）两种类型。微乳液一般需加较大量的表面活性剂，并需加入助表面活性剂（如极性有机物，一般为醇类）方能形成。

制备微乳液需要大量的表面活性剂和助表面活性剂，微乳液的分散相液滴尺寸大于胶团，小于常规乳状液液滴，具有胶团和一般乳状液的某些性质，既可看作是胀大的胶团，也可视为液滴极微小的乳状液。

制备微乳液的关键是配方，微乳液的性质只与配方有关，而与制备条件无关。制备微乳液时，除表面活性剂外，一般还要加助表面活性剂（碳链为中等长度的极性有机物，如壬醇），而且表面活性剂和助表面活性剂的用量很大，常占整个体系的10%～30%（质量）。从液珠大小考虑，微乳液是介于加溶胶团和乳状液之间的一个体系。

1. 形成机理

常用的表面活性剂有：双离子型表面活性剂，如琥珀酸二辛酯磺酸钠（AOT）；阴离子表面活性剂，如十二烷基磺酸钠（SDS）、十二烷基苯磺酸钠（DBS）；阳离子表面活性剂，如十六烷基三甲基溴化铵（CTAB）；非离子表面活性剂，如Triton X系列（聚氧乙烯醚类）等。常用的溶剂为非极性溶剂，如烷烃或环烷烃等。

将油、表面活性剂、水（电解质水溶液）或助表面活性剂混合均匀，然后向体系中加入助表面活性剂或水（电解质水溶液），在一定配比范围内可形成澄清透明的微乳液。Shinoda和Friberg认为微乳液是胀大的胶团。当表面活性剂水溶液浓度大于临界胶束浓度值时，就会形成胶束，此时加入一定量的油（亦可以和助表面活性剂一起加入），油就会被增溶，随着进入胶束中油量的增加，胶束溶胀微乳液，故称微乳液为胶团乳状液。由于增溶是自发进行的，所以微乳化也是自动发生的。因此，对微乳液的形成机理出现了混合膜和加溶作用两种理论。

（1）混合膜理论

此理论认为微乳液是液珠极微小的乳状液，微乳液能自发形成的原因，是表面活性剂和助表面活性剂的混合膜可在油-水界面上形成暂时的负界面张力。微乳液形成条件是：

$$\gamma_i = (\gamma_{o/w})_a - \pi < 0$$

式中，γ_i为有表面活性剂和助表面活性剂时的油-水界面张力；$(\gamma_{o/w})_a$为油相中有助表面活性剂时的油-水界面张力；π是油-水界面压。若$\pi > (\gamma_{o/w})_a$，则γ_i是负的，扩大界面是体系界面自由能下降过程，因而微乳液可以自发形成。微乳液形成后$\gamma_i = 0$，体系处于热力学平衡状态。助表面活性剂的作用是降低$(\gamma_{o/w})_a$和增加π，使γ_i变负。

（2）加溶作用理论

此理论认为微乳液的实质是胀大了的胶团，是在特殊条件下加溶作用的结果。加溶作用是自发进行的，所以微乳液可自发形成。表面活性剂的浓度超过胶团临界形成浓度时，即有加溶作用，但一般加溶量小于10%（质量），能形成微乳液。形成微乳液的条件是表面活性剂的亲水、亲油性接近平衡。如果表面活性剂的亲水、亲油接近平衡而稍亲水，则可形成O/W型微乳液；反之，可形成W/O型微乳液。非离子表面活性剂的亲水、亲油性可用改变温度或分子中氧化乙烯链节长短来调整。离子型表面活性剂的亲水、亲油性随温度变化不大，一般用加助表面活性剂来调整，这就是离子表面活性剂形成微乳液时一定要在油相中加入助表面活性剂的原因。

微乳液是一种高度分散的热力学稳定体系，在医药、日用化工和工业上均有很多应用，特别是在原油生产中，用微乳液驱油，可大大提高原油的采收率。

2. 制备原理

W/O型微乳液是由油连续相、水核及表面活性剂与助表面活性剂组成的界面三相构成，水核被表面活性剂与助表面活性剂组成的单分子层界面所包围，形成单一均匀的纳米级空间，因此可以将其看作一个微型反应器。微乳液是热力学稳定体系，在一定条件下具有保持稳定尺寸自组装和自复制的能力，因此微乳液提供了制备均匀尺寸纳米微粒的理想微环境。用 W/O 型微乳液制备纳米级微粒最直接的方法是将含有反应物 A、B 的两个组分完全相同的微乳液溶液相混合，两种微乳液的液滴通过碰撞融合，在含不同反应物的微乳液滴之间进行物质交换，产生晶核，然后逐渐长大，形成纳米粒子。

用 W/O 体系制备微粒时，微粒的形成一般有以下三种情况：(a) 将两个分别增溶有反应物的微乳液混合，此时由于胶团颗粒间的碰撞、融合、分离和重组等，使两种反应物在胶束中互相交换、传递，引起核内化学反应；(b) 一种反应物增溶在水核内，另一种反应物以水溶液形式与前者混合，后者在微乳液体相中扩散，透过表面活性剂膜层向微乳液滴内渗透，在微乳液滴内与前者反应，产生晶核并生长；(c) 一种反应物增溶在水核内，另一种为气体，将气体通入液相中充分混合，使两者发生反应而制得纳米微粒。

3. 制备方法

（1）Schulman 法

把油、水（电解质水溶液）及表面活性剂混合均匀，然后向体系中加入助表面活性剂，在一定配比范围内体系澄清透明，即形成微乳液。

（2）Shah 法

把油、表面活性剂及助表面活性剂混合均匀，然后向体系中加入水（电解质水溶液），在一定配比范围内体系澄清透明，形成微乳液。

4. 微乳液制备的影响因素

（1）反应物的浓度

适当调节反应物的浓度，可以控制纳米颗粒的尺寸。当反应物之一过剩时，反应物的碰撞概率增加，结晶过程比反应物恰好完全反应时的反应要快得多，生成纳米颗粒的粒径也就小得多。当反应物浓度越大，粒子碰撞概率增加；当浓度大于胶束内发生成核的临界值时，每个胶束内反应离子的个数较多，反应物浓度的增加使产物的颗粒粒径更小，单分散性越强。同时，反应物浓度的大小也直接影响着反应能力和成本高低。但当浓度过高时，体系的黏度增加，粒子易于聚集。

（2）表面活性剂

微乳液组成的变化将导致水核的增大或减小，水核的大小直接决定超细颗粒的尺寸，而水核半径是由 $x=n(H_2O)/n$（表面活性剂）决定的。通常纳米粒子的粒径要比水核直径大一些，这可能是由于水核间快速的物质交换导致水核内沉淀物的聚集所致。

在微乳液配制过程中，由于所选的油相、表面活性剂、助表面活性剂的种类不同，加入水相（电解质水溶液）后形成微乳液的组成比例就不同，增溶水量有差别。当油相、表面活性剂、助表面活性剂的种类相同情况下，在稳定温度范围内，水相加入量在一定范围变化时，体系也可以形成微乳液。也就是说，增溶水量存在一个变化的最大极限，在极限范围内，都可以形成微乳液。当超过这个极限时，微乳液便会分层。这个最大极限值通常被称为最大增溶水量。

从微观的角度分析，两种微乳液的液滴通过碰撞、融合、分离、重组等过程，微水反应池间发生物质交换。由于水溶量的增大，造成单位体积内微水池数增多，大大增加了微水池之间的物质交换与碰撞的概率，使微水池增大，迅速成核、长大，最后得到了粒径较大的纳米微粒。一般来说，随着水相的增加，所得产物的粒径也呈现出递增的趋势。

(3) 界面膜强度

界面强度的大小也直接影响着纳米颗粒尺寸的。因为当界面膜强度过低时，胶束在相互碰撞过程中界面膜易破碎，导致不同水核内的固体核或纳米微粒之间发生物质交换，使得颗粒粒径的大小难以控制；当界面膜强度过高时，胶束之间难以发生物质交换，使反应无法进行；只有当界面膜强度适当时，才能对生成的纳米颗粒起到保护作用，得到理想的纳米颗粒。影响界面膜强度的因素主要有：水与表面活性剂物质的量比、界面醇（即助表面活性剂，它能够提高界面柔性，使其易于弯曲形成微乳液）浓度、醇的碳氢链长、油的碳氢链长等。

(4) 表面活性剂类型

表面活性剂在纳米材料的制备过程中起着至关重要的作用，不同类型的表面活性剂对纳米材料的形貌、尺寸等有一定的影响。它不仅影响着胶束的半径和胶束界面强度，而且很大程度地决定晶核之间的结合点，从而有可能影响纳米粒子的晶型。

(5) 陈化温度

在热力学稳定的温度范围内，微乳液呈各向同性、低黏度、外观透明或半透明状；而在热力学稳定的温度范围以外呈各相异性。反应温度对微乳液体系"微水池"的大小有很大影响。温度过低，反应所需能量不能满足，反应缓慢；温度过高，不但使油相混合液挥发过快，反应环境缩小，并且微乳液热力学稳定体系遭到破坏；而且使粒子相互碰撞加剧，产生团聚，粒径过大。

5. 微乳液的鉴定

鉴别微乳类型常采用离心法、稀释法、染色法和电导法。

离心法是在 $1500 \sim 2000 r \cdot min^{-1}$ 离心 10min，观察其是否分层或是否维持澄明，如仍维持澄明可判定为微乳。

稀释法的原理是如果微乳能被水大量稀释则为 O/W 型，如能被油大量稀释则为 W/O 型。

染色法是根据油溶性染料苏丹红在微乳中呈红色，或者水溶性染料亚甲蓝在微乳中呈蓝色，通过观察红色或蓝色的扩散快慢来判断微乳的类型。若红色扩散快于蓝色则为 W/O 型微乳；反之为 O/W 型微乳；当扩散速度相同时则为双连续型微乳。

电导法是通过测定微乳电导率的变化来确定微乳的类型，开始制备时微乳的含水量较低，电导率也比较低，随着含水量的增大，溶液的电导率上升加快，此时形成的是 W/O 型微乳，其连续相为油相。当溶液电导率随含水量的增加缓慢上升，并有明显的拐点出现，且溶液的黏度增大时，形成的是凝胶或液晶结构；当含水量足够大时，溶液的电导率达到最大值；当含水量超过一定值时，电导率开始下降，因为在此区域，含水量的增加使微乳液滴浓度降低，相当于稀释作用，此时连续相为水相，形成的是 O/W 型微乳。

6. 应用

微乳液的应用很广，主要用在萃取分离、生物医药、化妆品（护肤品、洗发水、香水等）、药物制剂、药物分析、新材料、食品和环境保护等方面。

【仪器与试剂】

1. 仪器

恒温磁力搅拌器；精密电子天平；微型漩涡混合仪；离心机（$1500 \sim 2000 r \cdot min^{-1}$）；离心管。

2. 试剂

吐温-80（C.P.，作为乳化剂）；软磷脂（含量＞95%，作为乳化剂）；乙醇（A.R.，作为助乳化剂）；油酸乙酯（C.P.，作为油相）；高纯水；苏丹红；亚甲基蓝。

【实验内容】

1. 加水法

在 25℃ 条件下，将乳化剂与助乳化剂按 K_m（乳化剂和助乳化剂的质量比）为 3:2 混合，用磁力搅拌器充分混合均匀得混合乳化剂，再与油相分别按 K_m 为 9:1、8:2、7:3、6:4、5:5、4:6、3:7、2:8、1:9 混合均匀，在旋涡震荡下逐滴加入注射用水，观察体系由浊至清或由清至浊的现象，记录临界点时的各组分百分比。

2. 加油法

将乳化剂与助乳化剂按照相同 K_m 值充分混合成混合乳化剂溶液，再与注射用水按 K_m 为 9:1、8:2、7:3、6:4、5:5、4:6、3:7、2:8、1:9 混合均匀，磁力搅拌充分混合以后，在振荡下加入油酸乙酯，记录系统的状态变化，记录各组分百分比。

3. 加乳化剂法

将水相和油相分别按 K_m 为 9:1、8:2、7:3、6:4、5:5、4:6、3:7、2:8、1:9 混合均匀，形成乳白色浑浊液，再滴加一定 K_m 的混合表面活性剂溶液，观察溶液由浊至清的状态变化，记录临界点。

4. 交替加入法

在振荡条件下，向一定量的水中逐滴交替加入油相和混合乳化剂，观察浑浊和澄清的相变点，记录各组分的临界点的百分比，确定微乳区。

5. 微乳液的鉴定

用离心法和染色法进行鉴定，并观察和记录现象。

【思考题】

1. 影响微乳液制备的因素有哪些？
2. 详细讨论不同的乳化剂制备的微乳液的效果。

实验 43　金属相图的测定

【实验目的】

1. 用热分析法（步冷曲线法）测绘 Pb-Sn 二组分金属相图。
2. 了解固液相图的特点，进一步学习和巩固相律等有关知识。
3. 掌握金属相图（步冷曲线）测定仪的基本原理及方法。

【实验原理】

1. 二组分固-液相图

人们常用图形来表示体系的存在状态与组成、温度、压力等因素的关系。以体系所含物质的组成为自变量，温度为应变量所得到的 T-x 图是常见的一种相图。二组分相图已经得到广泛的研究和应用。固-液相图多应用于冶金、化工等部门。

二组分体系的自由度与相的数目有以下关系：

$$自由度 = 组分数 - 相数 + 2 \tag{1}$$

由于一般的相变均在常压下进行，所以压力 p 一定，因此以上的关系式变为：

$$自由度 = 组分数 - 相数 + 1 \tag{2}$$

又因为一般物质其固、液两相的摩尔体积相差不大,所以固-液相图受外界压力的影响颇小。这是它与气-液平衡体系的最大差别。

图 5.27 以邻-、对硝基氯苯为例表示有最低共熔点相图的构成情况:高温区为均匀的液相,下面是三个两相共存区,至于两个互不相溶的固相 A、B 和液相 L 三相平衡共存现象则是固-液相图所特有的。从式(2)可知,压力既已确定,在这三相共存的水平线上,自由度等于零。

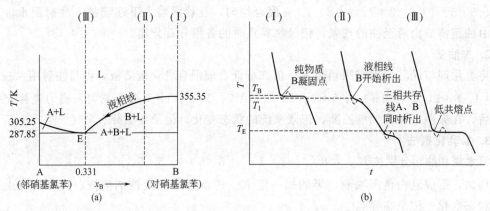

图 5.27 简单低共熔固-液相图(a)及其步冷曲线示意图(b)

2. 热分析法(步冷曲线法)

热分析法(步冷曲线法)是绘制相图的基本方法之一。热分析法是相图绘制工作中常用的一种实验方法。按一定比例配成均匀的液相体系,让它缓慢冷却。以体系温度对时间作图,则为步冷曲线。曲线的转折点表征了某一温度下发生相变的信息。由体系的组成和相变点的温度作为 T-x 图上的一个点,众多实验点的合理连接就成了相图上的一些相线,并构成若干相区。这就是用热分析法绘制固-液相图的概要。

图 5.27(b) 为与图 5.27(a) 标示的三个组成相应的步冷曲线。曲线(Ⅰ)表示将纯 B 液体冷却至 T_B 时,体系温度将保持恒定,直到样品完全凝固。曲线上出现一个水平段后再继续下降。在一定压力下,单组分的两相平衡体系自由度为零,T_B 是定值。曲线(Ⅲ)具有最低共熔物的成分,该液体冷却时,情况与纯 B 体系相似。与曲线(Ⅰ)相比,其组分数由 1 变为 2,但析出的固相数也由 1 变为 2,所以 T_E 也是定值。当熔融的系统均匀冷却时,如果系统不发生相变,则系统的冷却温度随时间的变化是均匀的;若有相变,必然伴随热效应,即在其步冷曲线中会出现转折点。从步冷曲线有无转折点就可以知道有无相变。测定一系列组成不同样品的步冷曲线,从步冷曲线上找出各相应体系发生相变的温度,以横轴表示混合物组分,在对应的纵轴标出开始出现相变(即步冷曲线上的转折点)的温度,把这些点连接起来即得相图,如图 5.28 所示。

纯物质的步冷曲线如图 5.28 中曲线 1、5 所示,从高温冷却,开始降温很快,ab 线的斜率决定于体系的散热程度。冷却到 A 点时,固体 A 开始析出,体系出现两相平衡(溶液和固体 A),此时温度维持不变,步冷曲线出现 bc 的水平段,直到其中液相全部消失,温度才下降。

混合物步冷曲线(如图 5.28 中曲线 2、4)与纯物质的步冷曲线(如图 5.28 中曲线 1、5)不同。如曲线 2 起始温度下降很快(如 $a'b'$ 段),冷却到 b' 点的温度时,开始有固体析出,

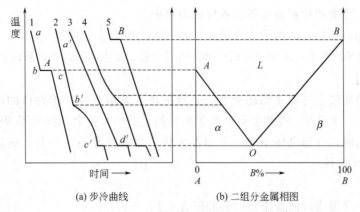

(a) 步冷曲线　　(b) 二组分金属相图

图 5.28　步冷曲线与二组分金属相图

这是体系呈两相,因为液相的成分不断改变,所以其平衡温度也不断改变。由于凝固热的不断放出,其温度下降较慢,曲线的斜率较小($b'c'$段)。到了低共熔点温度后,体系出现三相,温度不再改变,步冷曲线又出现水平段$c'd'$,直到液相完全凝固后,温度又迅速下降。

图 5.28 中曲线 3 表示其组分恰为最低共熔混合物的步冷曲线,其图形与纯物质相似,但它的水平段是三相平衡。

用热分析法(步冷曲线法)绘制相图时,被测系统必须时时处于或接近相平衡状态,因此冷却速率要足够慢才能得到较好的结果。

【仪器与试剂】

1. 仪器

金属相图(步冷曲线)测定装置。

2. 试剂

铅(C.P.);锡(C.P.)。

【实验内容】

1. 仔细阅读金属相图(步冷曲线)测定装置使用说明,熟悉使用操作。
2. 检查测定装置各接口连线连接是否正确,然后接通电源开关。
3. 设置工作参数,根据金属样品,设置目标温度、加热功率、报警间隔时间等。
4. 设置完成后,按下"加热"按钮,加热器开始加热。启动采集系统后开始采集数据。
5. 将温度传感器插入样品管细管中,样品管放入加热炉,按下控制器面板的加热按钮进行加热,到样品熔化(设定温度)加热自动停止(或按下控制器面板的停止按钮)。
6. 降温过程可根据环境温度等因素,启用保温或开风扇来改善降温速率,以便更好地显现拐点和平台。
7. 采集数据完成后,按装置所配软件使用说明绘制相应的曲线。

【实验数据记录与处理】

1. 由表 5.29 查出纯 Pb、纯 Sn 的熔点。

表 5.29　Pb-Sn 体系的熔点对照表

锡含量/%	0	30	50	61.9	80	100
熔点温度/℃	327	262	220	181	200	232
最低共熔点温度/℃		181	181	181	181	
最低共熔混合物组成:含 Sn 63%						

2. 找出各步冷曲线中拐点和平台对应的温度值。
3. 以温度为纵坐标，以组成为横坐标，绘出 Sn-Pb 合金相图。
4. 在所绘制的相图上，用相律分析最低共熔混合物、熔点曲线及各区域内相数和自由度数。

【注意事项】

1. 为使步冷曲线上有明显的相变点，必须将热电偶结点放在熔融体的中间偏下处，同时将熔融体搅匀。冷却时，将纯金属样品管放在加热炉中，把电压推到零缓慢冷却。

2. 熔化样品时，升温电压不能一下加得太快，要缓慢升温。一般金属熔化后，继续加热 2min 即可停止加热。

【思考题】

1. 解释一个典型步冷曲线中每一部分的含义？
2. 对不同成分的步冷曲线，其水平段有何不同？为什么？

实验 44　最大气泡法测定表面张力

【实验目的】

1. 掌握最大气泡法测定液体的表面张力的原理和技术。
2. 通过对不同液体表面张力的测定，加深对表面张力、表面自由能的理解。

【实验原理】

最大气泡法测定表面张力装置图，如图 5.29 所示。

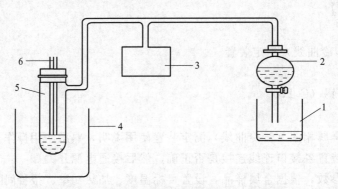

图 5.29　最大气泡法测定表面张力的装置图

1—烧杯；2—滴液漏斗；3—数字式微压差测量仪；4—恒温装置；5—带支管的试管；6—毛细管

将待测表面张力的液体装入带支管的试管中，盖上带有毛细管的塞子。当毛细管端面与待测液体面相切时，液面即沿毛细管上升。毛细管中大气压为 p_0，试管中大气压为 p，打开分液漏斗的活塞，使水缓慢下滴而系统压力 p 逐渐减少，逐渐把毛细管液面压至管口，形成气泡。当气泡在毛细管口逐渐长大时，其曲率半径逐渐变小，气泡达最大时便会破裂。此时气泡的曲率半径最小，即等于毛细管半径 r，气泡承受的压力差也最大，即

$$\Delta p = p_0 - p = 2\sigma/r \tag{1}$$

此压力差可由压力计读出，故

$$\sigma = r\Delta p/2 \tag{2}$$

若用同一支毛细管测两种不同液体，其表面张力分别为 σ_1、σ_2，压力计测得压力差分别为 Δp_1、Δp_2 则：

$$\sigma_1/\sigma_2 = \Delta p_1/\Delta p_2 \tag{3}$$

若其中一种液体的 σ 已知,例如水,则另一种液体的表面张力可由式(3)求得。

【仪器与试剂】

1. 仪器

最大气泡法测定表面张力装置一套[恒温水槽,差压计,玻璃烧杯(250mL),滴液漏斗,带支管的试管(附木塞),毛细管(半径 0.15~0.20mm,约 25cm 长)];容量瓶(50mL);洗耳球;移液管(2mL,5mL)。

2. 试剂

无水乙醇;正丁醇;环己烷。

【实验内容】

1. 熟悉测定装置使用方法。

2. 将恒温水槽温度调至 (25.0±0.1)℃。

3. 洗净仪器并对需干燥的仪器做干燥处理,按要求连接好装置。

4. 在表面张力测定管中装入适量的蒸馏水,使毛细管口与液面恰好相切(注意使测定装置垂直放置)。放入恒温水槽中 5~8min,然后将其接入系统,检验系统不漏气,胶管内不得有水。将滴液漏斗内装满水,打开活塞,水慢慢滴出,使体系减压。当减至一定程度,即有气泡逸出,使气泡形成的时间不少于 5s。当气泡刚好脱离管口的瞬间,读取数字压力计显示的最大值,连续测 3 次,取其平均值。

5. 用同样的方法测定无水乙醇、正丁醇、环己烷的表面张力。每次更换溶液时都要用待测液洗涤毛细管内壁及试管 2~3 次(注意保护毛细管口,不要碰损)。

【实验数据记录与处理】

查出实验温度下水的表面张力,求出各溶液浓度的表面张力值并列出实验数据(如表 5.30 所示):实验温度 $t=25.0$℃,其对应的蒸馏水的表面张力为:$\sigma=71.97\times10^{-3}\text{N}\cdot\text{m}^{-1}$。

表 5.30 最大气泡法测表面张力

试剂	压力差 Δp/kPa	平均压力差 $\Delta\bar{p}$/kPa	表面张力 $\sigma/10^{-3}\text{N}\cdot\text{m}^{-1}$
蒸馏水			71.97
无水乙醇			
环己烷			
正丁醇			

【注意事项】

1. 打开滴液漏斗的活塞时要求使气泡尽可能慢得鼓出。

2. 毛细管要求出泡均匀,内径不可太粗,否则误差太大。毛细管头部必须平整光滑,不沾油污,以免出泡不均匀。

3. 测定表面活性剂溶液时,溶液要沿管壁慢慢加入,防止大量气泡产生。测定时也应放掉一些气泡后,才读出最大压力差,不能让泡沫在液面上过多堆积影响溶液和形成的压力差。

4. 仪器系统不能漏气。

5. 毛细管必须干净,保持垂直,其管口刚好与液面相切。每次测量前用待测液洗涤毛细管,保持毛细管与样品管所测液浓度一致。

6. 读取压力计的压差时,应取气泡单个逸出时的最大压力差。

7. 用洗耳球洗毛细管时,要打开活塞。

【思考题】
1. 用最大气泡法测定表面张力时，为什么要读最大压力差？
2. 哪些因素影响表面张力测定结果？如何减小以致消除这些因素对实验的影响？
3. 滴液漏斗放水的速度过快对实验结果有没有影响？为什么？

实验 45　电动势的测定

【实验目的】
1. 掌握电位差计的测量原理和测定电池电动势的方法。
2. 了解可逆电池、可逆电极、盐桥等概念。
3. 测定 Cu 浓差电池的电动势。

【实验原理】
电池电动势不能直接用伏特计来测量，因为电池与伏特计连接后有电流通过，就会在电极上发生电极极化，结果使电极偏离平衡状态。另外，电池本身有内阻，所以，伏特计所量得的仅是不可逆电池的端电压。测量电池电动势只能在无电流通过电池的情况下进行，因此需用对消法（又叫补偿法）来测定电动势。对消法的原理是在待测电池上并联一个大小相等、方向相反的外加电势差，这样待测电池中没有电流通过，外加电势差的大小即等于待测电池的电动势。对消法测电动势常用的仪器为电位差计，其简单原理如图 5.30 所示。电位差计由三个回路组成：工作电流回路、标准回路和测量回路。

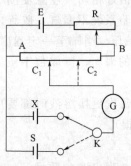

图 5.30　对消法测量电池电动势的原理线路图

(1) 工作电流回路

工作电流由工作电池 E 的正极流出，经可变电阻 R、滑线电阻返回 E 的负极，构成一个通路。调节可变电阻 R，使流过回路的电流成为某一定值。这样 AB 上有一定的电位降低产生，工作电源 E 可用蓄电池或稳压电源，其输出电压必须大于待测电池的电动势。

(2) 标准回路

S 为电动势精确已知的标准电池，C 是可在 AB 上移动的接触点，K 是双向开关，K 与 C 间有一灵敏度很高的检流计 G。当 K 扳向 S 一方时，AC_1GS 回路的作用是校准工作回路的以确定 AB 上的电位降。如标准电池 S 的电动势为 1.01865V，则先将 C 点移动到 AB 上标记 1.01865V 的 C_1 处，迅速调节 R 直至 G 中无电流通过。这时 S 的电动势与 AC_1 之间的电位降与 AC_1 间的电位降大小相等、方向相反而对消。

(3) 测量回路

当双向开关 K 换向 X 的一方时，用 AC_2GX 回路根据校正好的 AB 上的电位降来测量未知电池的电动势。在保证校准工作电流不变的情况下，在 AB 上迅速移动到 C_2 点，使 G 中无电流通过，这时 X 的电动势与 AC_2 间的电位的电位降大小相等，方向相反而对消，于是 C_2 点所标记的电位降为 X 的电动势。由于使用过程中电流的电压会有所变化，要求每次测量前均重新校准工作回路的电流。

【仪器与试剂】
1. 仪器
电位差计（1 台）；铜电极（2 支）；电极管（2 支）；烧杯（50mL，2 个）；烧杯

(250mL，1个)；U 型管。

2. 试剂

硫酸铜溶液（0.01mol·L^{-1}）；硫酸铜溶液（0.1mol·L^{-1}）；盐桥液（琼胶∶KCl∶H$_2$O=1.5∶20∶50）。

【实验内容】

1. 铜电极准备

铜电极可采用现成的商品，使用前用蒸馏水淋洗干净。若铜片上有油污，应在丙酮中浸泡，然后用蒸馏水淋洗。将两根干净的铜电极分别插入 0.01mol·L^{-1} CuSO$_4$ 和 0.1mol·L^{-1} CuSO$_4$ 溶液的烧杯中。

2. 盐桥的制备

为了消除液接电势，必须使用盐桥，其制备方法是按琼胶∶KCl∶H$_2$O=1.5∶20∶50 的比例加入到锥形瓶中，于热水浴中加热溶解，然后用滴管将它灌入干净的 U 型管中，U 型管中以及管两端不能留有气泡，冷却后待用。

3. 电动势的测定

(1) 将盐桥倒置，两端分别插入两溶液中并用铁夹固定好，组成 Cu(s)│CuSO$_4$(0.01mol·L^{-1})‖CuSO$_4$(0.1mol·L^{-1})│Cu(s) 电池。插入盐桥时，注意不要进入气泡，如图 5.31 所示。

(2) 按电位差计标明的电路接好线路。按照电位差计使用说明介绍的步骤操作，测定电池电动势。每隔 2min 测一次，共测 3 次，偏差小于±0.5mV，可认为已达平衡，其平均值就为该电池的电动势实验值。

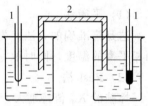

图 5.31　电池组成
1—电极；2—盐桥

按 Nernst 公式计算电池电动势的理论值，将计算得来的理论值和实验值进行比较，并求出相对误差(表 5.31)。

【实验数据记录与处理】

表 5.31　电动势测定记录

电池名称	电池反应	电动势/V			平均值/V	相对误差/%
		1	2	3		
Cu 浓差电池						

【思考题】

1. 对消法测定电池电动势的原理是什么？
2. 盐桥的选择原则和作用是什么？
3. 在测量过程中，若检流计指针总是往一个方向偏转，可能是什么原因引起的？

实验 46　凝固点降低法测定摩尔质量

【实验目的】

1. 用凝固点降低法测定萘的摩尔质量。
2. 掌握用贝克曼法测定溶液凝固点降低的方法。
3. 能熟练地调节和使用精密电子温差测量仪。

【实验原理】

理想稀溶液具有依数性。凝固点降低就是稀溶液依数性的一种表现，即对一定量的某溶剂，其理想稀溶液凝固点下降的数值只与所含溶质的粒子数目有关，而与溶质的特性无关。

假设溶质在溶液中不发生缔合和分解，也不与固态纯溶剂生成固溶体，则由热力学理论出发，可以导出理想稀溶液的凝固点降低 ΔT_f 与溶液的质量摩尔浓度 b_B 之间的关系：

$$\Delta T_f = K_f b_B \text{ 或}$$

$$\Delta T_f = \frac{K_f}{M_B m_A} m_B \tag{1}$$

由式(1)可导出计算溶质摩尔质量 M_B 的公式：

$$M_B = \frac{K_f m_B}{\Delta T_f m_A} \tag{2}$$

式中，ΔT_f 为纯溶剂与溶液的凝固点的差值，K；m_A、m_B 分别为溶剂、溶质的质量，kg；K_f 为溶剂的凝固点降低常数，K·kg·mol^{-1}；M_B 为溶质的摩尔质量，kg·mol^{-1}。

若已知 K_f，测得 ΔT_f，便可用式(2)求得 M_B。也可由式(1)通过 ΔT_f-m_B 线性回归的斜率求得 M_B。

凝固点降低的测定方法有下列几种。

(1) 平衡法

这是最准确的方法。先测纯溶剂的液体和固体两相平衡的温度，再测溶液与纯溶剂固体两相平衡的温度，同时取一定量平衡时的液相，分析其浓度。

(2) Rast 法

樟脑的 K_f 值特别大，因此很容易得到较大的 ΔT_f，这样便可用普通温度计测定凝固点降低。

(3) 贝克曼法（过冷法）

本实验即采用此法。过冷法是将液体逐渐冷却，当液体温度到达或稍低于其凝固点时，由于新相形成需要一定的能量，故结晶并不析出，这就是所谓过冷现象。若此时加以搅拌或加入品种，促使晶核产生，则大量晶体会很快形成，并放出凝固潜热，使系统温度迅速回升。温度上升的最高点即为凝固点。纯溶剂的凝固点在凝固之前温度将随时间均匀下降，达到凝固点时，固体析出，放出热量，补偿了对环境的热散失，因而温度保持恒定，直到全部凝固，温度再继续均匀下降 [图 5.32(a)]。实际上纯溶剂凝固时，由于开始结晶时析出的微小晶粒的饱和蒸气压大于同温度下的液体饱和蒸气压，所以往往发生过冷现象，即液体的温度要降到凝固点以下才析出固体，然后随温度上升到凝固点 [图 5.32(b)]。溶液的冷却情况与不同，当溶液冷却到凝固点，开始析出固体纯溶剂。随着溶剂的析出，溶液的浓度逐渐增大，因而溶液的凝固点也随溶剂的析出逐渐下降，冷却曲线得不到温度不变的水平段，当有过冷情况发生时，溶液的凝固点应从冷却曲线上待温度回升后外推可得 [图 5.32(c)]。

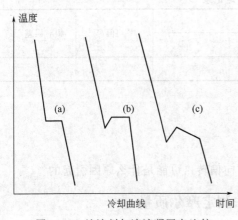

图 5.32 纯溶剂与溶液凝固点比较

【仪器与试剂】

1. 仪器

凝固点降低实验装置一套［精密温差测量仪，凝固点（冰点仪）搅拌装置，凝固点下降专用玻璃，精密电子温差测量仪］；普通温度计（0～25℃）；移液管（25mL）；分析天平；放大镜。

2. 试剂

苯（A.R.）；萘（A.R.）。

【实验内容】

1. 安装实验装置

图 5.33 为凝固点降低实验装置。冰水浴槽中装入 2/3 的冰和 1/3 的水，使浴槽温度在 2℃以下。用移液管取 25mL 分析纯的苯放入内套管里。注意冰水面要高于内套管中的苯液面。将精密电子温差测量仪擦干，插入内套管，检查搅拌棒，使它能上下自由运动而不摩擦温度计。

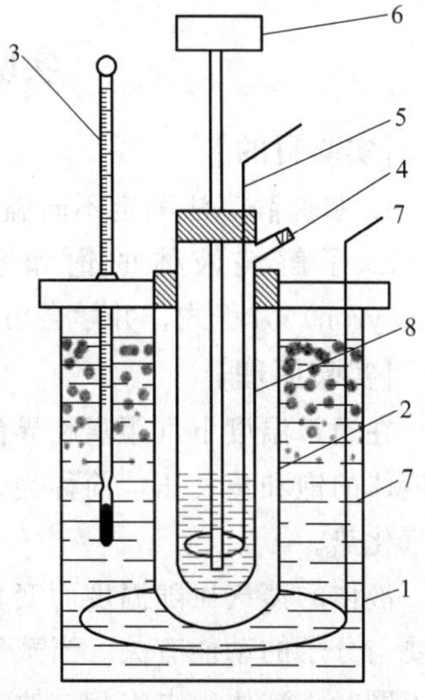

2. 测定纯溶剂苯的凝固点

先测近似凝固点。将内套管直接浸入冰水浴中，快速搅拌。当液温下降几乎停顿时，取出内套管，放入外套管内继续搅拌，记下最后稳定的温度值，即是近似凝固点。不必重复。

取出内套管，不断搅拌，用手微热，使结晶完全熔化。将内套管在冰水中浸一下后立即放入外套管内，快速搅拌，此时苯液温度下降。当温度降至凝固点以上 0.2℃时停止搅拌，液温继续下降。过冷到凝固点以下 0.5℃时迅速搅拌，温度先下降后迅速上升，用放大镜读出稳定的最高温度，即为苯的凝固点。重复测定，直到取得 3 个偏差不超过±0.005℃的数据为止。

图 5.33　凝固点降低实验装置
1—大玻璃筒；2—玻璃套管；3—普通温度计；4—被测物加入口；5,7—搅拌棒；6—温差测量仪；8—测定管

3. 测定溶液的凝固点

用分析天平称量约 0.3g 萘片，放入内套管并搅拌，使萘片全部溶解。同上法先测定溶液的近似凝固点，再准确测定凝固点。测定过程中过冷不得超过 0.2℃。

苯液用毕须倒入回收瓶。

4. 苯的密度

苯的密度可用下述经验公式计算：

$$\rho/\text{kg}\cdot\text{m}^{-3}=900.05-1.0636\times t/℃+0.0376\times10^{-3}\times t/℃$$

【实验数据记录与处理】

1. 计算萘的摩尔质量，并与文献值比较，求其百分误差。若误差超过±3%，实验需重做。

2. 考虑称量、移液和温度测量三项误差来源，进行误差计算，并分析主要误差来源。

【注意事项】

1. 实验所用的内套管必须洁净、干燥。调好精密电子温差测量仪后一定要先擦去水银

球上的水，然后再插入已经冷却的内套管。

2. 苯易挥发，对结果有较大影响，因此要先做好准备工作再移液，并要马上盖好塞子。

3. 冷却过程中要充分搅拌，但不可使搅拌桨超出液面，以免把样品溅在器壁上。

4. 结晶必须完全熔化。在熔化过程中切勿使精密电子温差测量仪温升过高、水银球超过顶端。

【思考题】

1. 本实验原理中计算公式的导出做了哪些近似处理？如何判断本实验中这些假设的合理性？

2. 测定溶液凝固点时，若过冷程度太大对结果有何影响？溶液系统和纯溶剂系统的自由度各为多少？

3. 外套管的作用是什么？

实验 47 液体饱和蒸气压的测定

【实验目的】

1. 掌握静态法测定不同温度下纯液体饱和蒸气压的方法。

2. 了解纯液体的饱和蒸气压与温度的关系——克劳修斯-克拉贝龙（Clausius-Clapeyron）方程式，并学会由图解法求其平均摩尔汽化热和正常沸点。

【实验原理】

在通常温度下（距离临界温度较远时），纯液体与其蒸气达平衡时的蒸气压称为该温度下液体的饱和蒸气压，简称为蒸气压。蒸发 1mol 液体所吸收的热量称为该温度下液体的摩尔汽化热。

液体的蒸气压随温度而变化，温度升高时，蒸气压增大；温度降低时，蒸气压降低，这主要与分子的动能有关。当蒸气压等于外界压力时，液体便沸腾，此时的温度称为沸点。外压不同时，液体沸点将相应改变，当外压为 $p^{\ominus}$（101.325kPa）时，液体的沸点称为该液体的正常沸点。

液体的饱和蒸气压与温度的关系用克劳修斯-克拉贝龙方程式（Clausius-Clapeyron）表示：

$$\frac{\mathrm{d}\ln p}{\mathrm{d}T}=\frac{\Delta_{\mathrm{vap}}H_{\mathrm{m}}}{RT^2} \tag{1}$$

式中，p 为纯液体在温度 T 时的饱和蒸气压；R 为摩尔气体常数；T 为热力学温度；$\Delta_{\mathrm{vap}}H_{\mathrm{m}}$ 为在温度 T 时纯液体的摩尔汽化热。

假定 $\Delta_{\mathrm{vap}}H_{\mathrm{m}}$ 与温度无关，或因温度范围较小，$\Delta_{\mathrm{vap}}H_{\mathrm{m}}$ 可以近似作为常数，将式（1）积分，得：

$$\ln p=-\frac{\Delta_{\mathrm{vap}}H_{\mathrm{m}}}{RT}+C \tag{2}$$

式中，C 为积分常数。由式（2）可以看出，以 $\ln p$ 对 $1/T$ 作图，应为一条直线，直线的斜率为 $-\dfrac{\Delta_{\mathrm{vap}}H_{\mathrm{m}}}{R}$，由斜率可求算液体的 $\Delta_{\mathrm{vap}}H_{\mathrm{m}}$。

测定液体饱和蒸气压的方法很多，如动态法、静态法等。动态法是在不同外部压力下测定液体的沸点；静态法是在某一温度下，直接测量饱和蒸气压，此法一般适用于蒸气压比较大的液体。本实验采用静态法以等压计在不同温度下测定乙醇的饱和蒸气压。实验所用仪器是纯液体饱和蒸气压测定装置，如图 5.34 所示。

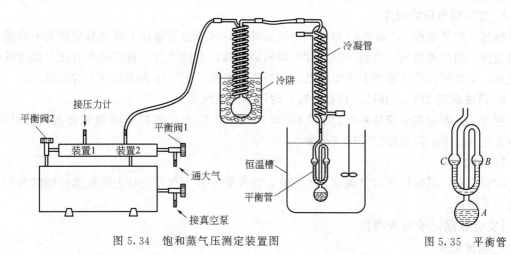

图 5.34　饱和蒸气压测定装置图　　　图 5.35　平衡管

平衡管由 A 球和 U 型管 B、C 组成（图 5.35）。平衡管上接一支冷凝管，按顺序通过冷阱、缓冲储气罐与电子数字压力计相连。A 球内装待测液体，当 A 球的液面上纯粹是待测液体的蒸气，而 B 管与 C 管的液面处于同一水平时，则表示 B 管液面上（即 A 球液面上的蒸气压）与加在 C 管液面上的外压相等。此时，体系气液两相平衡的温度称为液体在此外压下的沸点。用当时的大气压减去压力计读数（真空度），即为该温度下液体的饱和蒸气压。此外，用静态法测量不同温度下纯液体饱和蒸气压的实验方法，有升温法和降温法两种。

【仪器与试剂】

1. 仪器

饱和蒸气压测量装置一套；不锈钢储气罐或玻璃稳压瓶；真空泵；真空管；放大镜（×5）。

2. 试剂

蒸馏水；乙醇或乙酸乙酯。

【实验内容】

1. 装置仪器

将盛样球烤热，赶出样品球内的空气，在从上口加入乙醇。当样品管冷时，即可将乙醇吸入，再烤，再装，装至 B 和 C 管各 1/2 体积。然后按图 5.34 装妥各部分。由于本实验不涉及有毒有害物质，故冷阱部分可以舍去不用。

2. 恒温调节

向恒温槽内加入槽体 2/3 的自来水。打开冷凝水，插上恒温槽总电源插座，打开电源开关，打开搅拌器开关，按下温度设定开关，设定目标温度为 30℃，加热至恒温。

3. 检查系统气密性

关闭平衡阀 1，依次打开抽气阀、真空泵及平衡阀 2，使真空压力表上显示真空度为 60kPa 左右。关闭抽气阀，注意观察压力表的数字变化。如果压力计的示数能 3～5min 内维持不变，则表明系统不漏气，否则应逐段检查，消除漏气原因。

4. 排除 AB 弯管空间内的空气

等压计与冷凝管接好并用橡皮筋固定牢，置 20℃ 恒温槽中，开启抽气阀，开动真空泵，缓缓开启平衡阀 2，抽气降压至等压计中液体轻微沸腾。关闭抽气阀，注意观察压力表的数字变化。如果压力计的示数在 3~5min 内维持不变,则表明系统不漏气,否则应逐段检查,消除漏气原因,并排尽其中的空气。

5. 饱和蒸气压的测定

缓缓开启平衡阀 1,调节 U 型管两侧液面等高,从压力测量仪上读出真空度及恒温槽中的温度值。同法再抽气,再调节等压管双臂液面等高,重读压力,直至两次的压力差读数相差无几,则表示样品球液面上的空间已全部被乙醇充满,记下压力测量仪上的读数。

6. 同法测定 35℃、40℃、45℃、50℃时乙醇的蒸气压

注意:升温过程中应经常开启平衡阀 1,缓缓放入空气,使 U 型管两臂液面接近相等,如放入空气过多,可缓缓打开抽气阀抽气。

7. 实验

实验完后,缓缓打开放空阀至大气压止,并在数字式大气压力计上读取当时的室温和大气压,并记录。

【实验数据记录与处理】

1. 数据记录

大气压=____kPa;室温=____℃。

2. 数据处理

(1) 绘出水的蒸气压温度曲线,并求出指定温度下的温度系数。

(2) 以 $\ln p$ 对 $1/T$ 作图,求出直线的斜率,并由斜率算出此温度间隔内水的平均摩尔汽化热 $\Delta_{vap}H_m$,通过图求算出纯水的正常沸点。

【注意事项】

1. 减压系统不能漏气,否则抽气时达不到本实验要求的真空度。

2. 必须充分排除净 AB 弯管空间中全部空气,使 B 管液面上空只含液体的蒸气分子。AB 管必须放置于恒温水浴中的水面以下,否则其温度与水浴温度不同。

【思考题】

1. 为什么 AB 弯管中的空气要排除净?怎样操作?怎样防止空气倒灌?

2. 引起本实验误差的因素有哪些?如何校正水银温度计?

附 录

附录1 常见无机离子的检验

(1) 18种阳离子的检出方法

离子		试剂	现象	条件
盐酸组	Ag^+	$HCl\text{-}NH_3 \cdot H_2O\text{-}HNO_3$	白色沉淀(AgCl)	酸性介质
	Pb^{2+}	K_2CrO_4	黄色沉淀($PbCrO_4$)	HAc 介质
硫化氢组	Hg^{2+}	$SnCl_2$	白色沉淀($HgCl_2$) 变黑(Hg)	酸性介质
	Cu^{2+}	$K_4[Fe(CN)_6]$	红褐色沉淀($Cu_2[Fe(CN)_6]$)	HAc 介质
	Bi^{3+}	$Na_2Sn(OH)_4$	立即变黑(Bi)	强碱性介质
硫化铵组	Fe^{3+}	KSCN $K_4[Fe(CN)_6]$	血红色($FeSCN^{2+}$) 蓝色沉淀($Fe_4[Fe(CN)_6]_3$)	酸性介质 酸性介质
	Co^{2+}	亚硝基R盐 饱和 NH_4SCN	红褐色 蓝色 $Co(SCN)_4^{2-}$	$HAc\text{-}NH_4Ac$ 介质 NH_4F 丙酮
	Ni^{2+}	丁二酮肟	桃红色沉淀(丁二酮肟镍)	NH_3 介质
	Mn^{2+}	$NaBiO_3$	紫色沉淀(MnO_4^-)	HNO_3 介质
	Cr^{3+}	$Pb(Ac)_2$	黄色沉淀($PbCrO_4$)	HAc 介质
	Al^{3+}	铝试剂	红色沉淀	$HAc\text{-}NH_4Ac$ 介质
	Zn^{2+}	Na_2S $(NH_4)_2Hg(SCN)_4$	白色沉淀(ZnS) 白色沉淀$[ZnHg(SCN)_4]$	近中性 HAc 介质
碳酸铵组	Ba^{2+}	K_2CrO_4	黄色沉淀($BaCrO_4$)	$HAc\text{-}NH_4Ac$ 介质
	Ca^{2+}	$(NH_4)_2C_2O_4$	白色沉淀(CaC_2O_4)	$NH_3 \cdot H_2O$ 介质

续表

离子		试剂	现象	条件
易溶组	Mg^{2+}	$(NH_4)_2HPO_4$ 镁试剂	白色沉淀($MgNH_4PO_4 \cdot 6H_2O$) 蓝色沉淀	$NH_3 \cdot H_2O$-NH_4Cl 介质 强碱性介质
	K^+	$Na_3[Co(NO_2)_6]$ $NaB(C_6H_5)_4$	黄色沉淀 $K_3[Co(NO_2)_6]$ 白色沉淀[$KB(C_6H_5)_4$]	中性,弱酸性介质
	Na^+	$KSb(OH)_6$	白色沉淀[$NaSb(OH)_6$]	中性、弱碱性介质
	NH_4^+	NaOH 奈斯勒试剂	湿 pH 试纸很快变蓝紫色(NH_3) 红褐色沉淀[Hg_2NH_2O]I	弱碱性介质 碱性介质

(2) 11 种阴离子的检出方法

离子	试剂	现象	条件
SO_4^{2-}	$HCl+BaCl_2$	白色沉淀($BaSO_4$)	酸性介质
CO_3^{2-}	$Ba(OH)_2$	沉淀混浊($BaCO_3$)	酸化试液,气室法
PO_4^{3-}	$(NH_4)_2MoO_4$	磷钼酸铵黄色沉淀	HNO_3 介质,过量试剂
S^{2-}	HCl	PbAc 试纸变黑(PbS↓)	酸性介质
	$Na[Fe(CN)_5NO]$	$Na_4[Fe(CN)_5NOS$ 紫色	酸性介质
$S_2O_3^{2-}$	HCl	常常变混(S↓)	酸性介质,加热
SO_3^{2-}	$BaCl_2+H_2O_2$	白色沉淀($BaSO_4$)	酸性介质
Cl^-	银氨溶液中+HNO_3	白色沉淀(AgCl)	酸性介质
Br^-	氯水+CCl_4	CCl_4 层黄色或橙黄色(Br_2)	
I^-	氯水+CCl_4	CCl_4 层紫红色(I_2)	
NO_2^-	$KI+CCl_4$	CCl_4 层紫红色(I_2)	HAc 介质
	对氨基苯磺酸+α-萘胺	红色染料	HAc 介质
NO_3^-	二苯胺	蓝色环	硫酸介质

附录 2 实验室常用洗液

名称	配制方法	使用
合成洗涤剂	将合成洗涤剂粉用热水搅拌配成浓溶液	用于一般的洗涤,一定要用毛刷反复刷洗,冲净
重铬酸钾洗液	取 $K_2Cr_2O_7$(L.R.)20g 于 500mL 烧杯中,加水 40mL,加热溶解,冷后,沿杯壁在搅动下缓缓加入 320mL 浓 H_2SO_4 即成(注意边加边搅),贮于磨口细口瓶中,盖紧(铬有致癌作用,配制和洗涤时要十分小心)	具有强氧化性和强酸性,用于洗涤油污及有机物,有应先尽量除去仪器内的水,防止洗液被水稀释,用后倒回原瓶,可反复使用,直到红棕色溶液变为绿色(Cr^{3+} 色)时,即已失效
高锰酸钾碱性洗液	取 $KMnO_4$(L.R.)4g,溶于少量水中,缓缓加入 100mL 10% NaOH 溶液	用于洗涤油污及有机物,洗手玻璃壁上附着的 MnO_2 沉淀,可用粗亚铁盐或 Na_2SO_3 溶液洗去
氢氧化钠乙醇溶液	120g NaOH 溶于 150mL 水中,用 95%乙醇稀释至 1L	用于洗涤油污及某些有机物
酒精-浓硝酸洗液		用于洗涤沾有有机物或油污的结构较复杂的仪器,洗涤时先加入少量酒精于脏仪器中,再加入少量硝酸
盐酸	取 HCl(C.P.)与水以 1:1 体积混合,亦可加入少量 $H_2C_2O_4$	为还原性强酸洗涤剂,可洗去多种金属氧化物及金属离子
盐酸-乙醇洗液	取 HCl(C.P.)与乙醇按 1:2 体积比混合	主要用于洗涤被染色的吸收池、比色皿、吸量管等

附录3 常用试剂溶液的配制

试剂名称	浓度	配制方法
奈斯勒试剂		取 11.5g $HgCl_2$ 和 8g KI 溶于水中,稀释至 50mL,再加入 50mL 6mol·L^{-1} 溶液,静置后取其清液,贮存于棕色瓶中
Schiff(希弗)试剂		在 100mL 热水里溶解 0.2g 品红盐酸盐(也有叫碱性品红或盐基品红),放置冷却后,加入 2g 亚硫酸氢钠和 2mL 浓盐酸,再用蒸馏水稀释到 200mL; 或先配制 10mL 二氧化硫的饱和水溶液,冷却后加入 0.2g 品红盐酸盐,溶解后放置数小时使溶液变成无色或淡黄色,用蒸馏水稀释至 200mL
Fehling(斐林)试剂		Fehling 试剂由 Fehling A 和 Fehling B 组成,使用时将两者等体积混合,其配法分别是: Fehling A 将 3.5g 含有五结晶水的硫酸铜溶于 100mL 水中即得淡蓝色的 Fehling A 试剂; Fehling B 将 17g 五结晶水的酒石酸钾钠溶于 20mL 热水中,然后加入含有 5g 氢氧化钠的水溶液 20mL,稀释至 100mL 即得无色清亮的 Fehling B 试剂
Benedict(本尼迪特)试剂		把 4.3g 研细的硫酸铜溶于 25mL 热水中,待冷却后用水稀释到 40mL;另把 43g 柠檬酸钠及 25g 无水碳酸钠(若用有结晶水碳酸钠,则取量应按比例计算)溶于 150mL 水中,加热溶解,待冷却后,再加入上面所配的硫酸铜溶液,加水稀释到 250mL,将试剂贮于试剂瓶中,瓶口用橡皮塞塞紧
Lucas 试剂		将 34g 无水氯化锌在蒸发皿中强热熔融,稍冷后放在干燥器中冷至室温,取出捣碎,溶于 23mL 浓盐酸中(相对密度 1.187)。配制时须加以搅动,并把容器放在冰水浴中冷却,以防氯化氢逸出,此试剂一般是临用时配制
Tollens(托伦)试剂		在 20mL 5%硝酸银溶液中,加入 1 滴 10%氢氧化钠溶液,然后逐滴加入 2%氨水,直至沉淀刚好溶解,该试剂必须现配现用
醋酸双氧铀锌		(1)溶解 10g 醋酸双氧铀 $UO_2(Ac)_2·2H_2O$ 于 15mL 6mol·L^{-1} HAc 溶液中,微热,并搅拌使其溶解,加水稀释至 100mL; (2)另取 $Zn(Ac)_2·3H_2O$ 30g 溶于 15mL 6mol·L^{-1} HAc 溶液中,搅拌后加水稀释至 100mL。 将上述(1)、(2)两种溶液加热至 70℃后混合,放置 24h 后,取清液贮存于棕色瓶中
钴亚硝酸钠 $Na_3[Co(NO_2)_6]$		溶解 23g $NaNO_2$ 于 50mL 水中,加入 16.5mL 6mol·L^{-1} HAc 和 3g $Co(NO_3)_2·6H_2O$ 放置 24h,取其清液,稀释至 100mL,贮存地棕色瓶中
镁试剂	0.01g·L^{-1}	取 0.01g 镁试剂(对硝基苯偶氮间苯二酚)溶于 1L 1mol·L^{-1} NaOH 溶液中
铝试剂	1g·L^{-1}	溶解 1g 铝试剂(玫红三羧酸铵)于 1L 水中
镍试剂	10g·L^{-1}	溶解 10g 镍试剂(丁二酮肟)于 1L 95%乙醇溶液中
铁氰化钾 $K_3[Fe(CN)_6]$	0.25mol·L^{-1}	取 $K_3[Fe(CN)_6]$ 8.2g 溶于少量水后稀释至 100mL
亚铁氰化钾 $K_4[Fe(CN)_6]$	0.25mol·L^{-1}	取 $K_4[Fe(CN)_6]$ 0.6g 溶于少量水后稀释至 100mL
硫氰酸汞铵 $(NH_4)_2Hg(SCN)_4$	0.15mol·L^{-1}	取 8g $HgCl_2$ 和 9g NH_4SCN 溶于 100mL 水中
邻菲啰啉	20g·L^{-1}	取 2g 邻菲啰啉溶于 100mL 水中
亚硝酰铁氰化钠 $Na_2[Fe(CN)_5]$	10g·L^{-1}	取 1g $Na_2[Fe(CN)_5]$ 溶于 100mL 水中,贮存于棕色瓶中

续表

试剂名称	浓度	配制方法
二苯硫腙	$0.1g \cdot L^{-1}$	取 0.01g 二苯硫腙溶于 100mL CCl_4 中
硫脲	$100g \cdot L^{-1}$	取 10g 硫脲溶于 100mL $6mol \cdot L^{-1}$ HNO_3 中
二苯胺	$10g \cdot L^{-1}$	将 1g 二苯胺在搅拌下溶于 100mL 浓硫酸中
三氯化锑 $SbCl_3$	$0.1mol \cdot L^{-1}$	取 22.8g $SbCl_3$ 溶于 330mL $6mol \cdot L^{-1}$ HCl 中,加水稀释至 1L
三氯化铋 $BiCl_3$	$0.1mol \cdot L^{-1}$	取 31.6g $BiCl_3$ 溶于 330mL $6mol \cdot L^{-1}$ HCl 中,加水稀释至 1L
氯化亚锡 $SnCl_2$	$0.1mol \cdot L^{-1}$	取 22.6g $SnCl_2$ 溶于 330mL $6mol \cdot L^{-1}$ HCl 中,加水稀释至 1L,加入几粒纯锡,以防氧化
三氯化铁 $FeCl_3$	$1mol \cdot L^{-1}$	取 90g $FeCl_3 \cdot 6H_2O$ 溶于 80mL $6mol \cdot L^{-1}$ HCl 中,加水稀释至 1L
三氯化铬 $CrCl_3$	$0.5mol \cdot L^{-1}$	取 44.5g $CrCl_3 \cdot 6H_2O$ 溶于 40mL $6mol \cdot L^{-1}$ HCl 中,加水稀释至 1L
硫酸亚铁 $FeSO_4$	$0.1mol \cdot L^{-1}$	取 69.5g $FeSO_4 \cdot 7H_2O$ 溶于适量水中,缓慢加入 5mL 浓 H_2SO_4,再加水稀释至 1L,并加入数枚小铁钉,以防氧化
氯化汞 $HgCl_2$	$0.2mol \cdot L^{-1}$	取 54g $HgCl_2$ 溶于适量水后稀释至 1L
硝酸亚汞 $Hg_2(NO_3)_2$	$0.1mol \cdot L^{-1}$	取 56.1g $Hg_2(NO_3)_2 \cdot 2H_2O$ 溶于 250mL $6mol \cdot L^{-1}$ HNO_3 中,加水稀释至 1L,并加入少量金属 Hg
硫化钠 Na_2S	$1mol \cdot L^{-1}$	取 240g $Na_2S \cdot 9H_2O$ 和 40g NaOH,溶于适量水中,稀释至 1L,混匀
硫化铵 $(NH_4)_2S$	$3mol \cdot L^{-1}$	在 200mL 浓氨水中通入 H_2S 气体至饱和,再加入 200mL 浓氨水稀释至 1L,混匀
硫化乙酰胺	$50g \cdot L^{-1}$	溶解 5g 硫代乙酰胺于 100mL 水中
碳酸铵 $(NH_4)_2CO_3$	$1mol \cdot L^{-1}$	将 96g $(NH_4)_2CO_3$ 研细,溶于 1L 氨水中
	$120g \cdot L^{-1}$	将 140g $(NH_4)_2CO_3$ 溶于 860mL 水中
硫酸铵 $(NH_4)_2SO_4$	饱和	溶解 50g $(NH_4)_2SO_4$ 于 100mL 热水中,冷却后过滤
亚硫酸氢钠水溶液	饱和	先配制 40% 亚硫酸氢钠水溶液,然后在每 100mL 40% 亚硫酸氢钠水溶液中,加不含醛的无水乙醇 25mL,溶液呈透明清亮状,由于亚硫酸氢钠久置后易失去二氧化硫而变质,所以上述溶液也可按下法制备:将研细的碳酸钠晶体($Na_2CO_3 \cdot 10H_2O$)与水混合,水的用量使粉末上只覆盖一薄层水为宜;然后在混合物中通入二氧化硫气体,至碳酸钠近乎完全溶解,或将二氧化硫通入 1 份碳酸钠与 3 份水的混合物中,至碳酸钠全部溶解为止。配制好后密封放置,但不可放置太久,最好是用时新配
钼酸铵 $(NH_4)_2MoO_4$	$0.1mol \cdot L^{-1}$	保持 124g $(NH_4)_2MoO_4$ 溶于 1L 水中,然后将所得溶液倒入 1L $6mol \cdot L^{-1}$ HNO_3 中,放置 24h,取其清液
氯化铵 NH_4Cl	$3mol \cdot L^{-1}$	取 160g NH_4Cl 溶于适量水后稀释至 1L
醋酸铵 NH_4Cl	$3mol \cdot L^{-1}$	取 235g NH_4Cl 溶于适量水后稀释至 1L
醋酸钠 NaAc	$3mol \cdot L^{-1}$	取 408g $NaAc \cdot 3H_2O$ 溶于 1L 水中

续表

试剂名称	浓度	配制方法
淀粉溶液	$5g·L^{-1}$	将1g可溶性淀粉加入100mL冷水调和均匀,将所得乳浊液在搅拌下倾入200mL沸水中,煮沸2~3min使溶液透明,冷却即可
KI-淀粉溶液		淀粉溶液中含有$0.1mol·L^{-1}$ KI
氯水		在水中通入氯气至饱和(氯在25℃时溶解度为199L/100g H_2O)
溴水		将50g(约16mL)液溴注入盛有1L水的磨口瓶中,剧烈振荡2h,每次振荡之后将塞子微开,将溴蒸气放出,将清液倒入试剂瓶中备用(溴在20℃的溶解度为3.58g/100g H_2O)
碘溶液		(Ⅰ)将20g碘化钾溶于100mL蒸馏水中,然后加入10g研细的碘粉,搅动使其全溶呈深红色溶液; (Ⅱ)将1g碘化钾溶于100mL蒸馏水中,然后加入0.5g碘,加热溶解即得红色清亮溶液; (Ⅲ)将2.6g碘溶于50mL 95%乙醇中,另把3g氯化汞溶于50mL 95%乙醇中,两者混合,滤除澄清; (Ⅳ)取2.5g碘和3g KI,加入尽可能少的水中,搅拌至碘完全溶解,加水稀释至1L,即得$0.01mol·L^{-1}$碘溶液
2,4-二硝基苯肼溶液		(Ⅰ)在15mL浓硫酸中,溶解3g 2,4-二硝基苯肼,另在70mL 95%乙醇里加20mL水,然后把硫酸苯肼倒入稀乙醇溶液中,搅动混合均匀即成橙红色溶液(若有沉淀应过滤); (Ⅱ)将1.2g 2,4-二硝基苯肼溶于50mL 30%高氯酸中,配好后贮于棕色瓶中,不易变质。 Ⅰ法配制的试剂2,4-二硝基苯肼浓度较大,反应时沉淀多便于观察;Ⅱ法配制的试剂,由于高氯酸盐在水中溶解度很大,因此便于检验水溶液中的醛且较稳定,长期贮存不易变质
硝酸银氨溶液		取0.5mL 10%硝酸银溶液于试管里,滴加氨水,开始出现黑色沉淀,再继续滴加氨水边滴边摇动试管,滴到沉淀刚好溶解为止,得澄清的硝酸银氨水溶液
氯化亚铜氨溶液		取1g氯化亚铜放入一大试管中,往试管里加1~2mL浓氨水和10mL水,用力摇动试管后静置一会,再倾出溶液并投入1块铜片(或一根铜丝),贮存备用
α-萘酚试剂		将2g α-萘酚溶于20mL 95%乙醇中,用95%乙醇稀释至100mL,贮于棕色瓶中
间苯二酚盐酸试剂		将0.05g间苯二酚溶于50mL浓盐酸中,再用蒸馏水稀释至100mL
苯肼试剂		(Ⅰ)将5mL苯肼溶于50mL 10%醋酸溶液中加0.5g活性炭,搅拌后过滤,把滤液保存于棕色试剂瓶中,苯肼试剂放置时间过久会失效(苯肼有毒!使用时切勿与皮肤接触,如不慎触及,应用5%醋酸溶液冲洗,再用肥皂洗涤); (Ⅱ)称取2g苯肼盐酸盐和3g醋酸钠混合均匀,于研钵上研磨成粉末即得盐酸苯肼-醋酸钠混合物,取0.5g盐酸苯肼-醋酸钠混合物与糖液作用,苯肼在空气中不稳定,因此,通常用较稳定的苯肼盐酸盐。因为,成脎反应必须在弱酸性溶液中进行,使用时必须加入适量的醋酸钠,以缓冲盐酸的酸度,所用醋酸钠不能过多; (Ⅲ)将0.5g 10%盐酸苯肼溶液和0.5mL 15%醋酸钠溶液于2mL的糖液中
对氨基苯磺酸溶液		将0.5g对氨基苯磺酸溶于150mL $2mol·L^{-1}$醋酸中,保存在棕色瓶中
茚三酮乙醇溶液	0.1%	将0.1g茚三酮溶于124.9mL 95%乙醇中,用时新配

附录4 常用指示剂的配制

(1) 酸碱指示剂

名称	pH 变色范围	颜色变化	配制方法
百里酚蓝	1.2~2.8	红-黄	0.1g 指示剂溶于 100mL 20%乙醇中
甲基黄	2.9~4.0	红-黄	0.1g 指示剂溶于 100mL 90%乙醇中
甲基橙	3.1~4.4	红-黄	0.1g 甲基橙溶于 100mL 热水
溴酚蓝	3.0~4.6	黄-紫	0.1g 溴酚蓝溶于 100mL 20%乙醇中,或 0.1g 溴酚蓝与 3mL 0.05mol·L^{-1} NaOH 溶液混匀,加水稀释至 100mL
溴甲酚绿	3.8~5.4	黄-蓝	0.1g·L^{-1} 20%乙醇液或 1g 溴甲酚绿与 20mL 0.05mol·L^{-1} NaOH 溶液混匀,加水稀释至 100mL
甲基红	4.4~6.2	红-黄	0.1g 甲基红溶于 100mL 60%乙醇中
溴百里酚蓝	6.2~7.6	黄-蓝	0.1g 溴百里酚蓝溶于 100mL 20%乙醇中
中性红	6.8~8.0	红-黄橙	0.1g 中性红溶于 100mL 60%乙醇中
酚酞	8.2~10.0	无色-红	0.1g 酚酞溶于 100mL 90%乙醇中
百里酚蓝	8.0~9.6	黄-蓝	0.1g 百里酚蓝溶于 100mL 20%乙醇中
百里酚酞	9.4~10.6	无色-蓝	0.1g 百里酚酞溶于 100mL 90%乙醇中

(2) 金属指示剂

| 名称 | 颜色 | | 配制方法 |
	游离态	化合物	
铬黑 T(EBT)	蓝	酒红	(1)将 0.5g 铬黑 T 溶于 100mL 水中 (2)将 1g 铬黑 T 与 100g NaCl 研细、混匀
钙指示剂	蓝	红	将 0.5g 钙指示剂与 100g NaCl 研细、混匀
二甲酚橙(XO)	黄	红	将 0.1g 二甲酚橙溶于 100mL 水中
磺基水杨酸	无色	红	将 1g 磺基水杨酸溶于 100mL 水中
吡啶偶氮萘酚(PAN)	黄	红	将 0.1g 吡啶偶氮萘酚溶于 100mL 乙醇中
钙镁试剂(Calmagite)	红	蓝	将 0.5g 钙镁试剂溶于 100mL 水中

(3) 氧化还原指示剂

| 名称 | 变色电势 $\varphi^{\ominus}$/V | 颜色 | | 配制方法 |
		游离态	化合物	
二苯胺	0.76	紫	无色	将 1g 二苯胺在搅拌下溶于 100mL 浓硫酸和 100mL 浓磷酸,贮于棕色瓶中
二苯胺磺酸钠	0.85	紫	无色	将 0.5g 二苯胺磺酸钠溶于 100mL 水中,必要时过滤
邻苯氨基苯甲酸	0.89	紫红	无色	将 0.2g 邻苯胺基苯甲酸加热溶解在 100mL 2g·L^{-1} Na$_2$CO$_3$ 溶液中,必要时过滤
邻二氮菲硫酸亚铁	1.06	浅蓝	红	将 0.5g FeSO$_4$·7H$_2$O 溶于 100mL 水中,加 2 滴 H$_2$SO$_4$,加 0.5g 邻二氮杂菲

附录 5　几种缓冲溶液的配制方法

pH 值	配制方法
1.0	0.01mol·L^{-1} HCl
2.0	NaAc·3H$_2$O 8g 溶于适量水中,加 6mol·L^{-1} NaAc 134mL,稀释至 500mL
3.6	NaAc·3H$_2$O 20g 溶于适量水中,加 6mol·L^{-1} NaAc 134mL,稀释至 500mL
4.0	NaAc·3H$_2$O 32g 溶于适量水中,加 6mol·L^{-1} NaAc 68mL,稀释至 500mL
4.5	NaAc·3H$_2$O 50g 溶于适量水中,加 6mol·L^{-1} NaAc 34mL,稀释至 500mL
5.0	NaAc·3H$_2$O 50g 溶于适量水中,加 6mol·L^{-1} NaAc 13mL,稀释至 500mL
5.7	NaAc·3H$_2$O 100g 溶于适量水中,加 6mol·L^{-1} NaAc 13mL,稀释至 500mL
7.0	NaAc 77g,用水溶解后,稀释至 500mL
7.5	NaCl 60g,溶于适量水中,加 15mol·L^{-1} 氨水 1.4mL,稀释至 500mL
8.0	NaCl 50g,溶于适量水中,加 15mol·L^{-1} 氨水 3.5mL,稀释至 500mL
8.5	NaCl 40g,溶于适量水中,加 15mol·L^{-1} 氨水 8.8mL,稀释至 500mL
9.0	NaCl 35g,溶于适量水中,加 15mol·L^{-1} 氨水 24mL,稀释至 500mL
9.5	NaCl 30g,溶于适量水中,加 15mol·L^{-1} 氨水 65mL,稀释至 500mL
10.0	NaCl 27g,溶于适量水中,加 15mol·L^{-1} 氨水 197mL,稀释至 500mL
10.5	NaCl 9g,溶于适量水中,加 15mol·L^{-1} 氨水 175mL,稀释至 500mL
11.0	NaCl 3g,溶于适量水中,加 15mol·L^{-1} 氨水 207mL,稀释至 500mL
12.0	0.01mol·L^{-1} NaOH
13.0	0.1mol·L^{-1} NaOH

附录 6　标准缓冲溶液在不同温度下的 pH 值

标准缓冲溶液	10℃	15℃	20℃	25℃	30℃	35℃
草酸钾(0.05mol·L^{-1})	1.67	1.67	1.68	1.68	1.68	1.69
酒石酸氢钾饱和溶液	—	—	—	3.56	3.55	3.55
邻苯二甲酸氢钾(0.05mol·L^{-1})	4.00	4.00	4.00	4.00	4.01	4.02
磷酸氢二钠(0.05mol·L^{-1}) 磷酸氢二钾(0.025mol·L^{-1})	6.92	6.90	6.88	6.86	6.85	6.84
四硼酸钠(0.01mol·L^{-1})	9.33	9.28	9.23	9.18	9.14	9.11
氢氧化钙饱和溶液	13.01	12.82	12.64	12.46	12.29	12.13

附录 7　常用基准试剂

国家标准编号	名称	主要用途	使用前的干燥方法
GB1253-89	氯化钠	标定 AgNO$_3$ 溶液	500~600℃ 灼烧至恒重
GB1254-90	草酸钠	标定 KMnO$_4$ 溶液	105℃±2℃ 干燥至恒重
GB1255-90	无水碳酸钠	标定 HCl、H$_2$SO$_4$ 溶液	270~300℃ 灼烧至恒重
GB1256-90	三氧化二砷	标定 I$_2$ 溶液	H$_2$SO$_4$ 干燥器中干燥至恒重

续表

国家标准编号	名称	主要用途	使用前的干燥方法
GB1257-89	邻苯二甲酸氢钾	标定 NaOH、$HClO_4$ 溶液	105～110℃干燥至恒重
GB1258-90	碘酸钾	标定 $Na_2S_2O_3$ 溶液	(180±2)℃干燥至恒重
GB1259-89	重铬酸钾	标定 $Na_2S_2O_3$、$FeSO_4$ 溶液	(120±2)℃干燥至恒重
GB1260-90	氧化锌	标定 EDTA 溶液	800℃灼烧至恒重
GB12593-90	乙二胺四乙酸二钠	标定金属离子溶液	硝酸镁饱和溶液恒湿器中放置 7 天
GB12594-90	溴酸钾	标定 $Na_2S_2O_3$ 溶液、配制标准溶液	(180±2)℃干燥至恒重
GB12595-90	硝酸银	标定卤化物及硫氰酸盐溶液	H_2SO_4 干燥器中干燥至恒重
GB12596-90	碳酸钙	标定 EDTA 溶液	(110±2)℃干燥至恒重

附录 8　常用有机溶剂的纯化

有机试剂	部分物理常数	纯化方法
丙酮	沸点 56.2℃，折射率 1.3588，相对密度 0.7899	普通丙酮常含有少量水及甲醇、乙醛等还原性杂质，其纯化方法有： (1) 于 250mL 丙酮中加入 2.5g 高锰酸钾回流，若高锰酸钾紫色很快消失，再加入少量高锰酸钾继续回流，至紫色不褪为止，然后将丙酮蒸出，用无水碳酸钾或无水硫酸钙干燥，过滤后蒸馏，收集 55～56.5℃的馏分，用此法纯化丙酮时，须注意丙酮中含还原性物质不能太多，否则会过多消耗高锰酸钾和丙酮，使处理时间增长； (2) 将 100mL 丙酮装入分液漏斗中，先加入 4mL 10%硝酸银溶液，再加入 3.6mL 1mol·L^{-1}氢氧化钠溶液，振摇 10min，分出丙酮层，再加入无水碳酸钾或无水硫酸钙进行干燥，最后蒸馏，收集 55～56.5℃馏分，此法比方法(1)要快，但硝酸银较贵，只宜做小量纯化用
石油醚	沸程 30～150℃，有 30～60℃、60～90℃、90～120℃等沸程规格，相对密度 0.64～0.66	石油醚为轻质石油产品，是低分子量烷烃类的混合物，含有少量不饱和烃，沸点与烷烃相近，用蒸馏法无法分离；石油醚的精制通常将石油醚用其体积的浓硫酸洗涤 2～3 次，再用 10%硫酸加入高锰酸钾配成的饱和溶液洗涤，直至水层中的紫色不再消失为止，然后再用水洗，经无水氯化钙干燥后蒸馏，若需绝对干燥的石油醚，可加入钠丝（与纯化无水乙醚相同）
乙酸乙酯	沸点 77.06℃，折射率 1.3723，相对密度 0.9003	乙酸乙酯一般含量为 95%～98%，含有少量水、乙醇和乙酸，可用下法纯化：于 1000mL 乙酸乙酯中加入 100mL 乙酸酐，10 滴浓硫酸，加热回流 4h，除去乙醇和水等杂质，然后进行蒸馏，馏液用 20～30g 无水碳酸钾振荡，再蒸馏，产物沸点为 77℃，纯度可达以上 99%
乙醚	沸点 34.51℃，折射率 1.3526，相对密度 0.71378	普通乙醚常含有 2%乙醇和 0.5%水，久藏的乙醚常含有少量过氧化物。 过氧化物的检验和除去：在干净试管中放入 2～3 滴浓硫酸，1mL 2%碘化钾溶液（若碘化钾溶液已被空气氧化，可用稀亚硫酸钠溶液滴到黄色消失）和 1～2 滴淀粉溶液，混合均匀后加入乙醚，出现蓝色即表示有过氧化物存在，除去过氧化物可用新配制的硫酸亚铁稀溶液（配制方法是 $FeSO_4·3H_2O$ 60g，100mL 水和 6mL 浓硫酸），将 100mL 乙醚和 10mL 新配制的硫酸亚铁溶液放在分液漏斗中洗数次，至无过氧化物为止。 醇和水的检验和除去：乙醚中放入少许高锰酸钾粉末和一粒氢氧化钠，放置后，氢氧化钠表面附有棕色树脂，即证明有醇存在；水的存在用无水硫酸铜检验，先用无水氯化钙除去大部分水，再经金属钠干燥，其方法为将 100mL 乙醚放在干燥锥形瓶中，加入 20～25g 无水氯化钙，瓶口用软木塞塞紧，放置一天以上，并间断摇动，然后蒸馏，收集 33～37℃的馏分，用压钠机将 1g 金属钠直接压成钠丝放于盛乙醚的瓶中，用带有氯化钙干燥管的软木塞塞住，或在木塞中插一末端拉成毛细管的玻璃管，这样，既可防止潮气浸入，又可使产生的气体逸出，放置至无气泡发生即可使用，放置后，若钠丝表面已变黄变粗时，需再蒸一次，然后再压入钠丝

有机试剂	部分物理常数	纯化方法
乙醇	沸点78.5℃,折射率1.3616,相对密度0.7893	制备无水乙醇的方法很多,根据对无水乙醇质量的要求不同而选择不同的方法,若要求98%～99%乙醇,可采用下列方法: (1)利用苯、水和乙醇形成低共沸混合物的性质,将苯加入乙醇中,进行分馏,在64.9℃时蒸出苯、水、乙醇的三元恒沸混合物,多余的苯在68.3℃与乙醇形成二元恒沸混合物被蒸出,最后蒸出乙醇,工业多采用此法; (2)用生石灰脱水,于100mL 95%乙醇中加入新鲜的块状生石灰20g,回流3～5h,然后进行蒸馏。 若要99%以上的乙醇,可采用下列方法: (1)在100mL 99%乙醇中,加入7g金属钠,待反应完毕,再加入27.5g邻苯二甲酸二乙酯或25g草酸二乙酯,回流2～3h,然后进行蒸馏,金属钠虽能与乙醇中的水作用,产生氢气和氢氧化钠,但所生成的氢氧化钠又与乙醇发生平衡反应,因此单独使用金属钠不能完全除去乙醇中的水,须加入过量的高沸点酯,如邻苯二甲酸二乙酯与生成的氢氧化钠作用,抑制上述反应,从而达到进一步脱水的目的; (2)在60mL 99%乙醇中,加入5g镁和0.5g碘,待镁溶解生成醇镁后,再加入900mL 99%乙醇,回流5h后,蒸馏,可得到99.9%乙醇。 由于乙醇具有非常强的吸湿性,所以在操作时,动作要迅速,尽量减少转移次数以防止空气中的水分进入,同时所用仪器必须事前干燥好
氯仿	沸点61.7℃,折射率1.4459,相对密度1.4832	氯仿在日光下易氧化成氯气、氯化氢和光气(剧毒),故氯仿应贮于棕色瓶中,市场上供应的氯仿多用1%酒精做稳定剂,以消除产生的光气。氯仿中乙醇的检验可用碘仿反应;游离氯化氢的检验可用硝酸银的醇溶液。 除去乙醇可将氯仿用其二分之一体积的水振摇数次分离下层的氯仿,用氯化钙干燥24h,然后蒸馏;另一种纯化方法是将氯仿与少量浓硫酸一起振荡两三次,每200mL氯仿用10mL浓硫酸,分去酸层以后的氯仿用水洗涤,干燥,然后蒸馏。 除去乙醇后的无水氯仿应保存在棕色瓶中并避光存放,以免光化作用产生光气
苯	沸点80.1℃,折射率1.5011,相对密度0.87865	普通苯常含有少量水和噻吩,噻吩的沸点84℃,与苯接近,不能用蒸馏的方法除去。 噻吩的检验:取1mL苯加入2mL溶有2mg吲哚醌的浓硫酸,振荡片刻,若酸层呈蓝绿色,即表示有噻吩存在。 噻吩和水的除去:将苯装入分液漏斗中,加入相当于苯体积七分之一的浓硫酸,振摇使噻吩磺化,弃去酸层,再加入新的浓硫酸,重复操作几次,直到酸层呈现无色或淡黄色并检验无噻吩为止,将上述无噻吩的苯依次用10%碳酸钠溶液和水洗至中性,再用氯化钙干燥,进行蒸馏,收集80℃的馏分,最后用金属钠脱去微量的水得无水苯
四氯化碳	沸点76.8℃,折射率1.46030,相对密度1.595	含杂质二硫化碳(约含4%)的四氯化碳纯化方法:先将相当于含二硫化碳量的1.5倍的氢氧化钾溶于等量的水中,然后加入100mL乙醇,温度控制在50～60℃,振摇半小时,分出四氯化碳层,再用水洗涤,分出水层后,用少量浓硫酸洗至无色,最后再以水洗,在分出的四氯化碳层中加入无水氯化钙,干燥后蒸馏

参 考 文 献

[1] 李艳辉. 无机及分析化学实验. 第 2 版. 南京：南京大学出版社，2012.
[2] 倪静安等. 无机及分析化学. 第 2 版. 北京：化学工业出版社，2005.
[3] 倪静安等. 无机及分析化学实验. 北京：高等教育出版社，2007.
[4] 宿辉，白青子. 物理化学实验，北京：北京大学出版社，2011.
[5] 北京大学化学学院物理化学教学组编. 物理化学实验. 第 4 版，北京：北京大学出版社，2002.
[6] 孙尔康，高卫，徐维清，易敏. 物理化学实验，第 2 版. 南京：南京大学出版社，2016.
[7] 庄继华等修订，复旦大学等编. 物理化学实验. 第 3 版，北京：高等教育出版社，2004.
[8] 傅春玲主编. 有机化学实验. 浙江：浙江大学出版社，2000.
[9] 兰州大学、复旦大学化学系有机化学教研室编. 王清廉修订. 有机化学实验. 第 2 版. 北京：高等教育出版社，2006.
[10] 武汉大学主编. 分析化学实验. 第 5 版. 北京：高等教育出版社，2011.
[11] 徐云升，陈军，胡海强. 基础化学实验. 广州：华南理工大学出版社，2007.
[12] 罗志刚. 基础化学实验技术. 第 2 版. 广州：华南理工大学出版社，2007.
[13] 贺拥军，赵世永. 普通化学实验. 西安：西北工业大学出版社，2007.
[14] 陈秉堃，朱志良，刘艳生，顾金英. 普通无机化学实验. 第 2 版. 上海：同济大学出版社，2000.
[15] 王凤云，丰利. 无机及分析化学实验. 北京：化学工业出版社，2009.